中国交通运输安全生产发展报告

交通运输部科学研究院
国家铁路局安全技术中心
中国民航科学技术研究院　编
国家邮政局邮政业安全中心

人民交通出版社股份有限公司

北　京

内 容 提 要

本报告分为上、中、下三篇，共十二章，涵盖交通运输行业的铁路、公路水路、民航、邮政领域。上篇为交通运输安全生产发展背景，简要回顾自新中国成立到党的十八大前，我国交通运输安全生产的初步形成及改革与科学发展两个阶段所开展的工作、取得的成效。中篇重点阐述党的十八大以来至2018年，我国交通运输相关领域安全生产重大改革举措及取得的成效。下篇为交通运输安全生产发展展望，结合"交通强国"建设等战略，分析和阐述今后一个时期交通运输安全生产面临的机遇与挑战、发展方向与目标等。

本报告旨在总结我国交通运输安全生产工作的经验，增强社会各方对交通运输安全生产的认识，促进交通运输安全生产水平的不断提升。

图书在版编目（CIP）数据

中国交通运输安全生产发展报告 / 交通运输部科学研究院等编 .—北京：人民交通出版社股份有限公司，2020.4

ISBN 978-7-114-16282-4

Ⅰ . ①中… Ⅱ . ①交… Ⅲ . ①交通运输安全—研究报告—中国 Ⅳ . ① X951

中国版本图书馆 CIP 数据核字 (2020) 第 012431 号

Zhongguo Jiaotong Yunshu Anquan Shengchan Fazhan Baogao

书　　名：	中国交通运输安全生产发展报告
著 作 者：	交通运输部科学研究院　国家铁路局安全技术中心 中国民航科学技术研究院　国家邮政局邮政业安全中心
责任编辑：	姚　旭　林宇峰
责任校对：	赵媛媛
责任印制：	刘高彤
出版发行：	人民交通出版社股份有限公司
地　　址：	（100011）北京市朝阳区安定门外外馆斜街 3 号
网　　址：	http://www.ccpress.com.cn
销售电话：	（010）59757973
总 经 销：	人民交通出版社股份有限公司发行部
经　　销：	各地新华书店
印　　刷：	北京印匠彩色印刷有限公司
开　　本：	880×1230　1/16
印　　张：	6
字　　数：	100 千
版　　次：	2020 年 4 月　第 1 版
印　　次：	2020 年 4 月　第 1 次印刷
书　　号：	ISBN 978-7-114-16282-4
定　　价：	80.00 元

（有印刷、装订质量问题的图书由本公司负责调换）

编写单位及人员

交通运输部科学研究院：

潘凤明　邱春霞　马　楠　耿　红　彭建华　姜　瑶　肖殿良
叶　赛　冯雯雯

国家铁路局安全技术中心：

刘　伟　都占明　刘桂军　王　东　孙　震　何子正

中国民航科学技术研究院：

舒　平　李　斌　焦　洋　王浩锋　韩静茹　张潇月　周秀婷

国家邮政局邮政业安全中心：

杨旭祥　邱培刚　许良锋　邱晓里　李　梅　王　莘　张　浩

前　言

　　交通运输是国民经济基础性、先导性、战略性产业，是重要的服务性行业，是经济社会发展的重要支撑和强力保障。自新中国成立以来，我国交通运输行业发展取得历史性成就，特别是党的十八大以来，交通运输行业全面深化改革，现代综合交通运输体系建设成效举世瞩目，高速铁路营业里程、高速公路通车里程、城市轨道交通运营里程、沿海港口万吨级及以上泊位数量均位居世界第一，铁路旅客周转量、道路旅客周转量、港口货物吞吐量和集装箱吞吐量在全球居于领先地位。民航运输总周转量连续14年稳居世界第二，快递业务量稳居世界第一，中国交通运输行业服务质量显著提升，进入了多种运输方式交汇融合、统筹发展的新阶段。

　　在交通运输行业高速发展的同时，中国交通运输安全生产工作在探索中发展、在创新中前进，安全生产工作取得了长足进步。尤其是党的十八大以来，以习近平同志为核心的党中央胸怀国家安全，情系人民美好生活，秉承共产主义信仰，坚持以人民为中心的思想，对安全生产工作做出了重要论述。《党中央国务院关于安全生产领域改革发展的意见》科学谋划了安全生产领域改革发展的蓝图，提出了加强和改进安全生产工作的一系列重大改革举措和任务要求。交通运输部党组坚定"不忘初心、牢记使命"信念，从战略和全局的高度，认真贯彻落实习近平总书记关于安全生产工作的重要论述，科学分析交通运输安全生产的阶段性、区域性、体制性、制度性特征，对安全生产作出一系列战略部署，安全生产已纳入"四个全面"总体战略布局，深入贯彻落实党的十九届四中全会精神，推进交通运输行业治理体系和治理能力现代化，交通运输安全生产体系不断完善，平安交通建设不断深入，基层基础基本功不断加强，交通运输安全生产事故不断下降，安全生产形势不断向好。

本报告总结和回顾了新中国成立以来交通运输安全生产发展的经验，介绍了安全生产的重大改革举措、目标任务，阐述了新中国成立、改革开放、党的十八大以来三个重要历史时期铁路、公路水路、民航、邮政等领域在安全生产方面的发展历程，尤其是全面总结了党的十八大以来，交通运输安全生产的形势、安全生产发展理念的树立、安全管理体制机制的改革、法治建设的完善、风险防控体系的构建、支撑保障能力的提升、应急救援能力的加强、综合运输体系安全保障的推进等，提出当前我国交通运输安全生产面临的机遇与挑战，以及今后一个时期我国交通运输安全生产的方向与目标。

交通运输安全生产的不断发展是交通强国建设的重要前提保障和应有之义。抚今追昔，我们已站在新时代的起点上；展望未来，交通运输安全生产任重道远。

由于资料所限，本报告未包括香港、澳门特别行政区，台湾地区交通运输安全生产情况。

编　者

2019 年 12 月

目　　录

上篇　交通运输安全生产发展背景 …………………………………………… 1

  第一章　交通运输安全生产的初步形成 ………………………………… 3

  第二章　交通运输安全生产的改革与科学发展 ………………………… 9

中篇　党的十八大以来交通运输安全生产发展成效 ………………………… 17

  第三章　安全生产形势总体稳定 ………………………………………… 19

  第四章　安全发展理念牢固树立 ………………………………………… 26

  第五章　安全管理体制机制改革逐步深化 ……………………………… 31

  第六章　安全法治建设更加完善 ………………………………………… 35

  第七章　风险防控体系有效构建 ………………………………………… 44

  第八章　支撑保障能力显著提升 ………………………………………… 51

  第九章　应急救援能力全面加强 ………………………………………… 61

  第十章　综合运输体系安全保障初步形成 ……………………………… 67

下篇　交通运输安全生产发展展望 …………………………………………… 73

  第十一章　交通运输安全生产发展机遇与挑战 ………………………… 75

  第十二章　交通运输安全生产发展方向与目标 ………………………… 80

结束语 …………………………………………………………………………… 83

参考文献 ………………………………………………………………………… 84

上篇
交通运输安全生产发展背景

  从新中国成立至党的十八大召开，我国交通运输安全生产经历了从"注重发展"到"注重安全"，从粗放式发展到安全发展，从重视安全到"安全第一"等不同发展时期，逐步形成了涵盖铁路、公路水路、民航、邮政等领域的安全生产体系，有力地支撑和引领了我国国民经济和社会快速发展，我国交通运输事业取得了举世瞩目的成就。

  在此期间，交通运输安全生产伴随交通运输事业发展的脚步，在新中国建设发展的历史大潮中砥砺前行，经过新中国成立后的初步形成、改革开放后的改革与科学发展两个阶段，在不断探索中，积累了宝贵的经验，取得了一系列成果，对我国交通运输事业的发展起到了关键性的支撑和保障作用。

第一章　交通运输安全生产的初步形成

新中国成立之初，我国交通运输面貌十分落后，面对百废待兴的局面，国家发展的主要任务是巩固政权、恢复经济、重建国民经济体系，交通运输发展主要以恢复国民经济、改善人民生活和巩固国防为重点。交通运输作为经济发展的基础，得到各级政府的重视。中央制定了恢复发展交通运输的方针，明确提出要创造一些基本条件恢复交通运输，并在第一个和第二个五年计划期间（1953—1962年），国家投资向交通运输倾斜，改造和新建了一批交通运输基础设施，增加运输装备数量。"文化大革命"期间（1966—1976年），交通运输发展一度受到严重干扰，但设施和装备规模、运输线路仍在增加。

这一时期，我国的工业体系尚待建立，交通基础设施建设相对薄弱，交通运输能力有待加强，交通运输事故总量一直处于较低水平，交通事故起数和伤亡人数每年都有所增加，但增幅不明显，交通运输安全生产与交通运输业同步发展，交通运输安全生产形势相对稳定。

一　铁路领域

新中国成立后，全国铁路总里程仅 2.18 万公里。1953 年起，开始有计划地进行铁路建设，中国铁路经历了抢修恢复铁路运输时期（1949—1952 年）和铁路骨架基本形成时期（1953—1978 年）。到 1978 年，铁路营业里程达 5.17 万公里。

在计划经济管理体制的时代，铁道部是国务院主管全国铁路工作的政府职能部门。一是 1949 年 4 月 10 日发布的《中国人民革命军事委员会铁路运输暂行条例》，确定铁道部的管理体制为"军企合一"；二是新中国成立后，铁道部实行"政企合一"的管理体制。1958 年 3 月，中共中央决定改革铁路管理体制，实行地方分权，把包括铁路局在内的大部分中央企业的管理权下放地方。1961 年 1 月，中共中央印发《关于调整管理体制的若干规定》，全国铁路恢复由铁道部集中统一领导。1970 年 7 月 1 日，铁道部、交通部、邮电部（邮政部分）合并成立交通部革委会。1975 年 1 月，恢复铁道部。

1949—1978年，铁路行业先后制定《铁路技术管理规程》《行车事故处理规则》《行车安全监察工作规则》《铁路运输安全条例（草案）》（也称"铁路六十条"）、《货运管理规程》《客运管理规程》《危险品运输规程》《产品设计规程》《设备大中修规程》《工程设计规程》《施工规程》等规章制度。1977年，铁道部颁布《关于进一步加强安全的决定》，重申了"安全为了生产，生产必须安全"的精神，坚持预防为主。铁路管理经历了分权与集权的变革，安全管理理念和管理制度从无到有，"宽""严"相济，设立了相对独立的安全监察机构组织，实行安全负责制度，建立巩固铁的纪律，以及以安全信息公开透明和安全监察通讯员制度为主要支撑的民主安全监督机制，建立了以确保铁路技术管理规程精准实施，落实责任制度和铁的劳动纪律为核心的事故处理规范，确立了保证铁路技术管理规程以及铁路其他专业规则、细则精准执行的安全工作理念。

公路水路领域

从新中国成立后，公路水路领域恢复建设，公路通车里程从8.08万公里增加至1978年改革开放前的89.02万公里，内河等级航道里程从2.42万公里增加至5.74万公里。

1949年10月1日，中央人民政府设立交通部，承担管理全国公路、水路交通事业所应当具有和实际具有的职责。新中国成立至改革开放前，公路水路交通安全生产监管体制一直在单一部门综合管理和分行业专门管理之间演变。交通部机构几经变动后基本固定下来，行政职能总体上分为公路交通行政、水路交通行政以及综合行政。公路交通行政主要包括公路建设、养护行政、公路运输以及道路交通安全4项具体职能。水路交通行政主要包括航务工程管理、航务管理（含港务管理）及水上交通安全监督3项基本职能。此时，交通安全监督管理职能分属于公路主管部门和水路主管部门。

在公路安全方面，为贯彻政务院决定，开展公路交通安全行政，交通部公路总局充实加强了监理机构，各大行政区公路管理局逐步设置监理科，负责全区公路交通安全行政工作的监督指导，各省（自治区、直辖市）交通厅（局、委）设监理科，管理全省监理业务，主要公路起点和终点也设有监理站，直接受省监理科领导，具体办理监理业务。截至1952年底，全国公路交通监理体系初步形成。1953年，交通部颁发《交通安全运动推行办法》，规定成立中央、大区、省（自治区、直辖市）交通安全委员会，统一领导交通监理工作，各地据此相继成立了交通安全委员会。1961 年，交通部成立了安全监督局，公路总局所属车辆管理科并入安全监督局，成立了公路监理处，负责全国公路交通监理工作。1959—1963 年，交通部特别加强了运输生产的安全管理工作。"文化大革命"期间，中国人民解放军交通部军事管制委员会生产指挥部成立，下设水运、陆运、综合、行政 4 个组，军事管制持续到 1970 年。1970 年 6 月至 1975 年是铁道、交通、邮电（邮政部分）"三部合并"时期，机关精简为办公室、铁路运输组、公路组、水运组、水运工业组等 16 个部门。直至 1975 年交通部与铁道部分开，恢复建制后的交通部下设水运局、公路局、安监委等 14 个司局级单位。

在水路安全方面，1949 年交通部设立交通部航务总局，统一领导全国航务及港务事务，涉及海事处理等水上交通安全管理。1950 年，航政开始由航务统一管理变为港航分管、以港口体制为主的管理体制。1951 年，交通部撤销航务总局，成立海运总局、河运总局，在海运总局设置海务监督处，在河运总局设置航行监督处，增设船舶登记局。1954 年 3 月，交通部成立安全生产委员会，这是新中国成立后第一次针对交通安全而成立的大检查机构。1954 年 10 月，交通部安全生产委员会撤销，有关安全生产工作重新回归到各专业总局负责。1956 年，海运管理总局、河运管理总局撤销，新设交通部港航监督局。1960 年，交通部上报中央机构调整方案，其中安全监督局是 4 个新设专业机构之一，主要负责车船安全生产和船舶检验工作，与船舶检验局合署办公，对外仍保留船舶检验局的名称。1961 年，安全监督局正式成立，主管公路水路具体安全监理工作。1963 年，交通部发出《关于本部机关调整后的机构编制的通知》，将安全监督职能仍划归各总局，安全监督局改称船舶检验局，变为事业单位。1967 年，中国人民解放军交通部军事管制委员会生产指挥部成立，下设水运、陆运、综合、行政 4 个组，水运组内设航政小组，负责全国水上安全等航政事务。1972 年，交通部设立船检港监局、安全监察委员会。1973 年，由交通部牵头成立海上安全指挥部，主要职能是负责统一部署和指挥海上船舶防抗台风、防止船舶污染海域以及海难救助工作。

交通部通过组建交通安全委员会、安全监督局等综合监管部门，建立并逐步完善了全国水上交通安全监督和海事处理基本制度等，出台了一系列保障和促进交通运输安全发展的行业政策措施和标准规范，如《养护公路暂行办法》《汽车管理暂行办法》《船舶监督检查暂行办法》《海事处理暂行办法》《交通安全运动推行办法》《海港管理暂行条例》《城市和公路交通管理规则》《危险货物运输规则》（联合铁道部共同制定发布）等。期间，公路方面发布了一系列公路技术标准和管理规范，保证公路建设质量安全；道路方面，"一五"期间，在开展的"安全、四定、车吨月产两千吨公里"运动和"安全、节约、十万公里无大修"劳动竞赛中，号召广泛开展安全教育，认真推广安全驾驶经验，使重大交通事故有所遏制；水路方面，疏浚各主要港湾及内河航道，改善了各重要港口通行及安全条件，恢复和建设助航设备及灯塔标志，完成恢复修整内河干线。基础设施不断改善，消除了很多的安全隐患，为交通运输安全生产打下了坚实基础。

三 民航领域

新中国民航事业从无到有，自小变大，由弱渐强，民航事业在艰苦创业中起步，起初只有10余架小飞机，几条短航线，机场少且设施极为简陋。随着国际国内形势的不断发展，到1977年，中国民航共有飞机511架，其中，运输飞机151架；共有航线144条，总里程13.2万公里。其中，国内航线136条，通航81个城市，总里程9.1万公里；国际航线8条，通航11个国家，总里程4.1万公里。

1949年11月2日，中共中央政治局"为管理民用航空，决定在人民革命军事委员会下设民用航空局"。1954年11月10日，"中央人民政府革命军事委员会民航局"更名为"中国民用航空局"，直属国务院领导。1958年2月27日，中国民用航空局划归交通部领导。1960年11月7日，中国民用航空局改称交通部民用航空总局。1962年4月13日，"交通部民用航空总局"改为"中国民用航空总局"。

在新中国成立后，中国民航在摸索中前进，在航线网建设、发展航空业务、更新机队、改善经营管理、加强机场建设以及人才培养等方面都取得了不少成绩，基本满足当时国家发展生产、政治文化、国防建设的需要，也为以后民航事业发展打下了较好的基础。

1950年11月1日，《中华人民共和国飞行基本规则》颁布，民用航空器在中国领空内安全飞行有了规范和法律依据。1957年10月5日，"保证安全第一，改善服务工作，争取飞行正常"成为民航领域发展的长期指导方针，该方针以提高航空运输的安全质量、期限质量、服务质量为切入点，对民航工作提出全面的本质性要求，揭示了航空运输的规律和特点。1959年1月1日，经中央批准的民航领域新管理体制开始运行，各地区管理处改升为管理局，成立省（自治区、直辖市）管理局。20世纪60年代初期，民航总局针对加强安全工作还先后提出"建立工作职责和安全责任制""一切工作和会议安排不得影响飞行安全和正常""加强飞行组织讲评"等要求。1961年1月，民航北京管理局按先期准备、飞行前准备、飞行实施、飞行后讲评四个阶段组织实施飞行。这一做法在全民航领域得到推广，成为保证安全的一项基本工作制度。1961年9月，民航总局颁布《关于编写民航各种条令、条例、规章的规定》，用时3年编写了飞行领航、飞行训练、机务、通信、运输、气象、供油等各个方面规章及教材68种，对民航的业务建设和安全保障起到了重要作用。

四 邮政领域

新中国成立后，没收并改造了官僚资本主义的邮政、电信企业、事业机构，并取消了帝国主义在华经营邮电的特权，中国邮电事业走上了独自发展的道路，并开始了新的历史时期。新中国邮政在接收改造中华邮政的基础上发展起来，1949年11月1日成立邮电部，统一管理全国邮政与电信事业，邮政被定位为国营经济组织，并更名为"中国人民邮政"。1950年1月1日，邮电部成立邮政总局，各省（自治区、直辖市）普遍建立统一的分级邮政机构。"一五"期间，邮电通信企业开始逐步建立和健全各项经营管理制度。到1955年5月，全国大体上有200余家企业建立和健全了邮运部门的安全责任制，着手制定并逐步推行各项业务制度与企业管理的各项规程标准，使邮电企业的管理工作有所改善。

截至1949年底，全国只有邮电局所26328个，邮路总长度70.6万公里，每个邮电局平均服务面积363.6平方公里，平均服务人口2.1万人，业务种类仅有函件、包件、汇票等几种，每人平均函件量仅为1.1件，全年邮政业务总量为1.35亿元，邮政业务收入6208.4万元。1949—1956年，中国社会百废待兴，邮政事业也不例外。经过党和全国人民的共同努力，到1956年初步形成了以北京为中心，连通全国的邮政通信网。1958年，中国邮政在北京开办了中国第一个自动化试验邮局，开启了邮政事业的新篇章。这一阶段国家还初步研制成功了一批机械化、半自动化设备。截至1978年底，全国邮政营业网点5万个，邮路总长度486万公里，邮运汽车9254辆，自备火车邮厢519辆。人民邮政事业不断发展壮大，恢复和建设了沟通城乡、覆盖全国的基础性邮政网络，邮政服务水平大幅提高。

邮电部成立初期恢复和发展邮政通信事业是主要任务，如接管和改造官僚资本主义企业，对侨批局实行独立经营，自负盈亏，使之逐步成为国营邮政的委托代办机构。为了规范邮电工作与社会各方面的关系，邮电部分别会同司法、公安、国防、铁道、交通、电力等部门共同制定了若干条例、办法和规定，早在20世纪50年代，邮电部就曾着手研究起草邮政法，但一直没有定稿。这一时期邮政业安全管理职责、安全管理机制以及各项安全管理制度等的制定均处于相对滞后的状态，安全生产问题在行业内的重视程度也相对不足。

第二章　交通运输安全生产的改革与科学发展

1978年至2012年党的十八大召开，改革开放揭开了我国经济社会发展的新篇章，交通运输步入了快速发展阶段。我国政府把交通运输放在优先发展的位置，加大政策扶持力度，在放开交通运输市场、建立社会化融资机制方面进行开创性探索，积极扭转交通运输不适应经济社会发展的被动局面。

1992年，我国确立了建立社会主义市场经济体制的改革目标，交通运输不断加大改革开放力度，各种运输方式发展取得突破性进展。

2008年，我国适应"大交通"发展的趋势，整合了交通部、中国民用航空总局的职责以及建设部的指导城市客运职责，组建交通运输部，负责公路水路运输，并负责管理国家邮政局和新组建的中国民用航空局。

交通运输安全生产工作在交通运输行业改革发展中不断适应新形势，取得了显著的成绩。期间，交通运输安全生产形势随着交通运输事业快速及规模化发展呈现事故多发至逐渐回落的状态，交通运输安全生产经历着改革与科学发展期。在1992—2002年的十年间，交通事故起数、死亡人数、受伤人数均急剧增加，行业安全生产发展态势十分严峻。从2003年开始，交通事故快速增长的势头得到基本遏制，交通事故起数、死亡人数、受伤人数逐渐回落到与1992年相当的水平。

一　铁路领域

1978年，改革开放揭开了我国经济社会发展的新篇章，铁路领域步入了快速发展阶段。2007年，我国进入了高速铁路时代。到2012年，近35年时间里，铁路营业里程从5.17万公里增至9.76万公里。

在此期间，国家公布实施了我国第一部《铁路法》，国务院公布实施了我国第一部《铁路运输安全保护条例》。在"科学技术是第一生产力"理论的指导下，我国铁路领域形成了"科学技术保安全"理念并付诸实践。在改革开放大潮中，不断总结安全生产经验教训，

1992年12月召开的全国铁路运输安全工作会议，第一次确立了"安全生产是铁路改革和发展的重要前提和基础"的基础地位，形成了"从严治路，基础取胜"的重要指导思路。1999年，铁道部决定实行资产经营责任制，出台了《关于全国铁路运输安全"强基达标"的意见》，把安全指标作为资产经营责任制的一项重要考核内容，提出了"规范管理，强基达标"，实行"一票否决"，强化了安全管理的约束机制。

安全管理机制体制不断完善。一是成立专门机构，强化安全生产监督和管理。新中国成立以后，在铁道部、铁路局、铁路分局三级机构中设立安全监察部门，负责安全生产监督检查和事故调查处理工作。1999年，铁道部实行安全监察特派员制度，在全国6个地区设立办事处，对各铁路局实行安全监督。各铁路局通过成立安全监察大队或在各地区派驻安全监察办事处，加大对现场作业的监察力度。二是修改完善安全生产责任制。通过界定铁路局、铁路分局、站段3个层次的安全管理责任和权利，建立健全局长、分局长、站段长和车间主任的安全逐级负责制。通过全面落实"逐级负责、领导负责、专业负责、岗位负责"制度，狠抓"基层、基础、基本功"。三是安全管理落实机制创新。为把安全管理落到实处，铁道部一方面建立健全并巩固人员素质和行为控制机制、技术设备保障机制、安全监督监控机制、安全评估机制、考核激励机制、护路联防机制等；另一方面鼓励各铁路局进行安全管理落实创新机制，如"系统考核、安全评估、差点公示、尾数淘汰"机制、"经纬交织"周而复始考核机制、"安全百日"动态考核机制等。

2003—2012年，中国铁路跨入了以高速铁路为主要标志的铁路发展新阶段。2005年3月18日，铁道部撤销铁路分局，全国铁路18个铁路局（公司）实行直管站段。铁路领域实现了由"四级管理"向"三级管理"的企业结构调整，解决了长期以来铁路局和铁路分局两级法人以同一方式经营同一资产所导致的管理重叠、职能交叉、相互掣肘、效率不高，对铁路发展形成严重制约的问题。2006年12月15日，铁道部以222号文件的形式发布《规范新体制下铁路运输安全基本管理制度的意见》，全国铁路各单位各部门根据自身的实际情况和运输生产新需求，迅速构建了职责清晰、权责匹配、逐级负责、考核严格、控制有效、应急有序、保障有力的运输安全管理体系。在安全基础方面，铁路领域继续坚持"从严治本、基础取胜"的基本思路，通过全面落实"逐级负责、领导负责、岗位负责"制度，狠抓"基层、基础、基本功"建设，保证了我国铁路向高速铁路新阶段安全迈进。

二　公路水路领域

改革开放以来，我国加快公路水路交通基础设施建设，公路网和港口、航道网快速发展，到 2012 年底，全国等级公路里程由 50.6 万公里增加到 360.96 万公里，全国内河航道通航里程由 5.74 万公里增加到 12.5 万公里。

在此期间，公路水路领域安全生产体制改革和法治建设、安全保障项目建设取得重大进展，并发挥了关键作用。

在公路运输管理体制方面，改革开放初期，在国家层面基本形成了由公安部门管理道路交通秩序，交通部门管理车辆检验登记和运输企业的格局。交通部内部设立公路局，负责道路运输安全管理工作。1978 年，交通部颁发《交通监理工作任务和职责（试行）》，规定交通监理机关是代表国家负责贯彻执行交通法规的监督管理机关，在各省（自治区、直辖市）设监理处，在地（市、盟、州）设监理所，在县（市、旗）设监理站，其基本任务是维护交通秩序、纠正违章、指挥交通、宣传安全、处理交通事故；对机动车及其驾驶员施行技术检验、考核、发放牌证和对机动车的制造、改装等施行监督，以保障交通安全。1986 年，我国道路交通安全管理体制实施改革，由公安机关对城乡道路交通安全负责统一管理，交通部管理的交通监理机构，成建制地划归公安部；地方各级交通监理机构也成建制地划归地方各级公安部门。1993 年，国务院明确了交通运输部门的安全管理职责，即源头管理职责。1994 年，国务院明确由交通运输部门负责对驾校和驾驶员培训工作进行宏观方面的管理，包括制定管理规章、技术标准、教学大纲，负责规划布局和实施监督检查。2002 年初，国务院颁布《危险化学品安全管理条例》，明确各部门在道路危险化学品运输安全管理方面的职责分工，首次把危险化学品运输企业、运输工具及从业人员的安全监管职责赋予交通运输部门。2003 年，建立由公安部牵头的全国道路交通安全工作部际联席会议制度，交通部作为联席会议 15 个成员单位之一。2007 年，党的十七大确定加快行政管理体制改革，这次机构改革决定组建道路运输司，对城乡道路运输行业及安全实施统一管理，我国道路运输安全发展掀开了新的一页。

在水路领域体制改革方面，一是健全水上安全监督机构，实施水上交通安全监督管理体制改革。1979 年，交通部设立水上安全监督局，负责港航监督和车船监理。增设港务监督局，负责港航监督。为进一步做好航务（海务）监督工作，确保安全生产，交通部颁布了《交通部直属水运企、事业单位航务（海务）监督部门职责》，明确了航务（海务）监督部门的主要任务、职责和各级航务（海务）监督人员的权力。1986年，交通部根据海上交通管理和安全监督需要，按照政企分开的原则，将港口安全、秩序的监督和行政管理部分工作从港务局划出，组建海上安全监督局。将隶属于沿海各港务局的港务监督划出，组建14个省市的海上安全监督局，实行交通部与所在城市双重领导、以交通部为主的管理体制。1988年，调整了长江水系港航监督业务分工，实现了长江水上安全监督管理工作的"统一政令、分工管理、机构不动、收费不变"的原则。1998年，沿海（包括岛屿）海域和港口、对外开放水域及主要跨省（自治区、直辖市）内河（长江、珠江、黑龙江）干线及港口的水上安全监督管理，实行"一水一监、一港一监"垂直管理体制，由交通部统一领导。合并中央与地方的水上安全监督机构，统一政令、统一布局、统一监督管理；在统一领导体制下，界定有关水域的中央与地方的管理分工。中华人民共和国海事局（交通部海事局）对全国水上安全监督工作实行业务领导。设在中央管理水域的中央各水上安全监督机构和设在其他水域的地方各水上安全监督机构，分别在所辖水域内实施水上安全监督工作。二是建立海上救助打捞体系，实施救捞体制改革。1978年，交通部设立海上救助打捞局，建立3个海上救助打捞局，17个救助站，形成了海上救助打捞体系和海上救助网络。2003年，进行了海上救助打捞体制改革，实行了救助与打捞分开管理，组建了专业的海上救助机构，设置了北海、东海、南海3个救助局，实行海上救助全天候待命救助值班制度，建立海上救助快速应急反应和紧急救助机制；同时建设了海上打捞专业队伍，交通部烟台、上海、广州3家救助打捞局更名为打捞局。根据救捞体制改革方案，各救助局、打捞局由部救捞局实行统一垂直领导。三是建立国家海上搜救应急系统，创新海上搜救体制。1989年，经国务院、中央军委批准在交通部成立中国海上搜救中心。2005年，建立了交通运输部牵头军队和国务院相关部委参加的国家海上搜救部际联席会议制度，编制《国家海上搜救应急预案》。

在公路水路安全法治方面，出台了一系列具有划时代意义的法律法规和标准规范，颁布了《中华人民共和国海上交通安全法》，主要规范了海上交通安全和应急保障涉及的问题；颁布了《中华人民共和国港口法》，全面系统规范了港口事业。《中华人民共和国公路法》《中华人民共和国内河交通安全管理条例》《公路安全保护条例》《内河交通安全管理条例》《公路管理条例》《公路运输管理暂行条例》和《中华人民共和国船员条例》等法律法规也在这一时期陆续出台。

通过开展道路危险货物运输专项整治、车辆超限治理、危桥改造工程、公路安全保障工程、车辆技术维修行业管理,严格驾驶员培训及从业资格管理、道路危险货物运输管理等,我国公路领域整体安全性得到明显改善。水路领域建立港口设施保安体系和水路交通突发事件应急体系,推进内河船型标准化工程、船舶更新改造工程、长江口深水航道治理工程和内河航道系统整治、海上救助基地和国家溢油应急设备库建设,并加强消防安全、加强水上危险货物运输监管、整顿超载船和"三无"船等,极大提升了水路运输安全保障能力和水平。

三 民航领域

党的十一届三中全会前后,邓小平同志对民航改革开放接连作出重要指示,民航管理体制进行重大变革,航空运输需求和发展动力空前迸发,民航事业迎来了蓬勃发展的春天。截至 2012 年底,我国共有 46 家运输航空公司,1941 架运输飞机,183 个运输机场,定期航班航线 2457 条,其中国内航线 2076 条,国际航线 381 条,与 114 个国家或地区签订双边航空运输协定,民航航线里程增至 328.01 万公里。

这一阶段,民航领域进行了两轮重大改革,一是实施由军事化到企业化的第一轮重大改革,二是实施以政企分开为主旨的第二轮重大改革。自 1980 年 3 月 15 日起,民航总局不再由空军代管,归国务院直接领导。民航总局是国家管理民航事业的行政机构,统一管理全国民航的机构、人员和业务。自 1987 年起,民航开始以"政企分开、简政放权、机场与航空公司分设"为主题的第二轮民航管理体制改革。至 1992 年底,我国分别成立了 6 个地区管理局、6 家骨干航空公司和 6 大机场,形成了符合国家经济体制改革目标和民航自身发展规律的民航管理体制全新架构。2002 年,民航实施了以"政企分开、政资分离、机场属地化管理、改革民航行政和公安管理体制"为主要内容的新一轮改革,彻底打破了长期以来高度集中的民航管理体制,形成了行业内多元主体、互不隶属、相互依存、依法调整相互关系的新体制。2004 年,我国当选国际民航组织第一类理事国。2005 年,我国民航运输总周转量跃居世界第二位。2012 年 7 月 8 日,《国务院关于促进民航业发展的若干意见》发布,明确指出民航业是我国经济社会发展重要的战略产业。

我国民航领域一贯坚持"安全第一",重视加强安全工作。但在改革开放初期,发展速度加快，安全基础较差，导致安全形势不稳，在个别年份飞行事故多发。1978—1993年，发生严重飞行事故17次，百万小时事故率为4.1。1994—2005年，发生重大以上飞行事故8起，百万小时事故率为0.44，比上一阶段下降89.2%。自1978年改革开放至2012年党的十八大前，有8个年份没有发生运输飞行事故，其中一段时间创造了较长的安全周期，后期安全形势保持稳定。2008—2012年，我国亿客公里死亡人数为0.002（5年滚动值，世界平均水平为0.011），百万小时重大事故率为0.04。我国民航安全水平有了很大程度的提高，已经进入国际先进行列。

1995年10月30日，第八届全国人大常委会第十六次会议通过《中华人民共和国民用航空法》（以下简称《民航法》），自1996年3月1日起施行。《民航法》是新中国成立以来第一部规范民用航空活动的法律，系统规定了民用航空活动基本制度，构建了我国民航法规体系的基本框架，构成了民航活动开展的法律基础。2009年4月13日，温家宝总理签署第553号国务院令，颁布《民用机场管理条例》。从1996—2015年的10年间，民航总局依据《民航法》和国际民用航空公约制定和发布了一百多部覆盖民用航空各个方面（涉及航空器管理、参与民航活动的人员执照、机场管理、航行管理、航空营运、空中交通管理、搜寻救援、事故调查等）的专业性、具有法律效力的行政管理法规。2008年3月，民航总局更名为中国民用航空局（以下简称民航局），划归交通运输部管理。民航局党组在科学发展观指导下，深入分析民航的发展形势，科学总结数十年来我国民航安全工作的成败得失，借鉴国外民航的安全管理经验，提出了持续安全理念，形成了以人为本为核心，系统、协调、可持续为基本要求，预防为主、系统管理为根本方法的安全发展实质理念。

四 邮政领域

改革开放后，党中央、国务院不断强化邮政业改革发展的顶层设计。从1979年中共邮电部党组在第十七次全国邮电工作会议明确提出"邮电通信是社会生产力"的理论判断，到1998年邮电分营工作完成，邮政和电信开始独立自主经营，再到2005年《国务院关于印发邮政体制改革方案的通知》确定邮政体制改革思路为"一分开、两改革、四完善"，最后到2007年1月29日国家邮政局、中国邮政集团公司在北京人民大会堂举行揭牌典礼，标志着我国邮政领域改革取得重大进展，政企分开基本完成。

从1986年12月颁布《中华人民共和国邮政法》（以下简称《邮政法》），到1996年启动修订《邮政法》，到2009年新修订《邮政法》颁布——将民营快递纳入邮政法法律范畴，民营快递焦虑多年的身份问题得以解决，市场主体的活力得到极大释放，快递业发展开始不断提速。我国邮政业由此形成了国有、民营、合资、外资"同台竞技"，共同谋发展的良好局面。1990年《中华人民共和国邮政法实施细则》颁布实施。《中华人民共和国邮政法实施细则》是对《邮政法》的进一步细化，使我国邮政法制建设又向前迈出了坚实的一步。

邮政业改革的深入推进，进一步解放和发展了生产力，激发了企业创新活力。快递业异军突起，市场规模不断扩张。1980年和1984年，我国邮政先后开办国际、国内特快专递业务，开启了快递业务先河。

1978年，我国函件业务量为28.35亿件，普通包裹业务量为0.74亿件，汇兑业务量为1.19亿笔，报刊期发数为1.13亿份。到2012年，全国城市投递路线达132.8万公里，报刊亭达3.2万个，快递业务量达52.9亿件，邮政业进入高速发展期。

改革开放以来，我国邮政业发展规模不断壮大，政商环境持续优化、基础先导作用充分释放，构建了较为完善的行业管理体系，行业生产力不断解放，发展潜力不断释放，市场活力竞相迸发，邮政业的高速发展给行业安全管理带来新的机遇和挑战。

中篇

党的十八大以来交通运输安全生产发展成效

党的十八大以来，交通运输进入了加快现代综合交通运输体系建设的新阶段，取得了一系列重大成就，我国交通运输规模总量位居世界前列，成为名副其实的交通大国。2012—2018年，铁路营业里程从9.76万公里增至13.1万公里，全国等级公路里程从360.96万公里增至485万公里，全国内河航道通航里程由12.5万公里增至12.71万公里，民航航线里程从328.01万公里增至837.98万公里。

党的十八大以来，交通运输行业坚持以习近平新时代中国特色社会主义思想为指导，认真贯彻党中央国务院决策部署，坚持以人民为中心的思想，树立安全发展理念，坚持"安全第一、预防为主、综合治理"的安全生产方针，科学谋划交通运输安全发展顶层设计，包括树立安全生产发展理念、深化安全管理体制机制改革、完善安全法治建设、构建风险防控体系、提升支撑保障能力、加强应急救援能力、建设综合运输体系安全保障等，统筹推进改革发展与安全生产，有力促进了安全生产各项工作扎实开展，实现了交通运输安全生产形势总体稳定，交通运输安全生产工作取得了明显成效，为促进我国经济社会发展和支持交通强国建设作出了重大贡献。

第三章 安全生产形势总体稳定

党中央、国务院始终将保障人民群众生命安全健康作为治国理政的重要内容，作为改革发展稳定的基本前提。交通运输行业牢固树立"发展绝不能以牺牲人的生命为代价"的红线意识，严格落实"党政同责、一岗双责、齐抓共管、失职追责"的要求，强化企业主体责任、地方属地监管和部门行业监管，安全生产责任体系不断完善，安全生产领域改革工作稳步推进，强化依法治理，安全生产法治化水平和监管执法能力逐步提升，大力推进企业安全生产标准化和隐患排查治理体系建设，强化安全生产宣传教育与培训，交通运输安全发展的社会环境初步形成。

党的十八大至 2018 年间，交通运输安全生产形势总体稳定。铁路交通事故死亡人数、铁路交通事故 10 亿吨公里死亡率❶均持续下降；公路水路领域平安交通建设不断推进，事故起数、死亡失踪人数逐年下降，但重大及以上事故时有发生，部分事故在社会上引起强烈反响；民航安全生产水平持续提高，民航亿客公里死亡人数、百万小时重大事故率十年滚动值两项事故指标与世界平均水平相比，从十年前的基本持平，到目前分别为世界平均指标值的 1/12 和 1/11，安全水平得到极大提升；邮政领域安全生产形势总体稳定向好，但风险隐患仍然存在，安全管理压力有增无减。

一 铁路领域

党的十八大以来，铁路领域坚持以习近平新时代中国特色社会主义思想为指导，认真贯彻党中央国务院决策部署，坚持以人民为中心的思想，树立安全发展理念，坚持"安全第一、预防为主、综合治理"的方针，以确保高速铁路和旅客列车安全为重点，落实企业安全生产主体责任，强化安全监管执法，夯实安全管理基础，加强安全风险防控，完善安全保障体系，统筹推进改革发展与安全生产，铁路安全持续稳定。

---

❶ 10 亿吨公里死亡率 = 铁路交通事故死亡人数 / 换算周转量（10 亿吨公里）。

铁路交通事故和死亡人数呈下降趋势。铁路政企分开5年以来（2014—2018年），全国铁路未发生铁路交通特别重大、重大事故，较大事故、铁路交通事故死亡人数和铁路交通事故10亿吨公里死亡率均呈下降趋势（图3-1～图3-3）。

图3-1 铁路交通较大事故变化趋势图

图3-2 铁路交通事故死亡人数变化趋势图

图3-3 铁路交通事故10亿吨公里死亡率变化趋势图

高速铁路运营安全有序和平稳可靠。截至2018年底，全国高速铁路营业里程达到2.9

万公里。高速铁路发送旅客 18.08 亿人次，占旅客总发送量的 53.6%。高速铁路综合检测列车定期对全国高速铁路轨道和接触网进行检测，累计检测里程 1423720 公里，其中时速 200～250 公里区段平均轨道不平顺质量指数（TQI）为 3.3，时速 250～350 公里区段平均轨道不平顺质量指数（TQI）为 2.8，各项指标均优于管理标准；各条高速铁路弓网接触力、拉出值、受流参数等安全检测数据均满足相关管理标准要求，弓网运行质量良好。

二 公路水路领域

安全生产形势总体稳定向好。 党的十八大以来，公路水路领域认真贯彻落实党中央、国务院有关安全生产工作的重大战略决策部署，始终高度重视安全生产工作，坚持把安全生产摆在全局工作的重中之重，以"平安交通"为统领，以改革发展为动力，以落实安全责任为核心，以防范和遏制重特大事故为目标，法规制度标准不断完善，安全责任体系不断健全，双重预防机制不断完善，安全监管能力不断提升，宣传教育培训不断加强，支撑保障基础不断夯实，安全生产形势总体稳定向好。但当前交通运输安全生产事故总量依然较大，重特大事故时有发生，安全生产形势依然严峻。

事故总量大幅下降。 党的十八大以来，公路水路安全生产形势总体稳定，事故总量大幅下降，重特大事故明显减少。2013—2018 年公路水路领域造成人员死亡（失踪）的安全生产事故（包含道路运输行业行车事故、水上交通事故、交通运输行业建设工程生产安全事故、港口生产安全事故）起数、死亡（失踪）人数逐年下降（图 3-4、图 3-5），年均分别下降 6.7% 和 9.4%。2018 年与 2013 年相比，事故起数下降 29.3%，死亡（失踪）人数下降 39.1%。根据《道路运输行业行车事故调查统计制度》，道路运输行业行车事故统计口径为一次死亡（失踪）3 人以上的较大以上等级事故。根据《水上交通事故统计办法》《交通运输行业建设工程生产安全事故统计调查制度》和《港口生产安全事故统计调查制度》，水上交通事故、交通运输行业建设工程生产安全事故和港口生产安全事故统计口径为一般以上等级事故。

2013—2018 年道路运输行业较大以上等级行车事故起数、死亡（失踪）人数逐年下降（图 3-6、图 3-7），其中事故起数和死亡（失踪）人数年均分别下降 11.2% 和 12.8%。2018 年与 2013 年相比，事故起数下降 44.8%，死亡（失踪）人数下降 49.6%。

2013—2018 年造成人员死亡（失踪）的水上交通事故起数呈现出先增长、后下降的趋势，水上交通事故死亡（失踪）人数呈现出总体下降趋势，2018 年较 2017 年有所上升（图 3-8、

图3-9),其中事故起数和死亡(失踪)人数年均分别下降1.9%和2.2%。2018年与2013年相比,事故起数下降8.9%,死亡(失踪)人数下降10.6%。

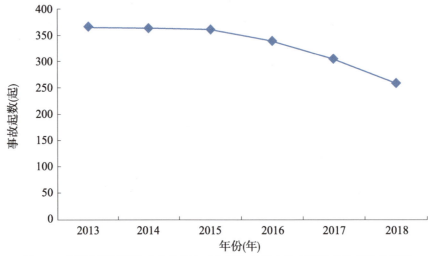

图3-4 公路水路领域造成人员死亡(失踪)的安全生产事故起数变化趋势图

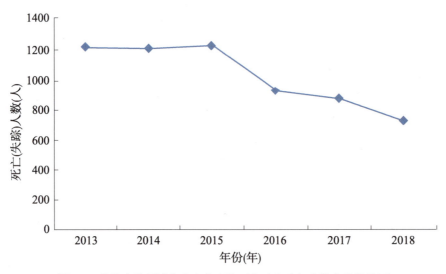

图3-5 公路水路领域安全生产事故死亡(失踪)人数变化趋势图

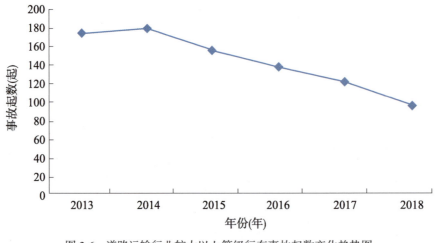

图3-6 道路运输行业较大以上等级行车事故起数变化趋势图

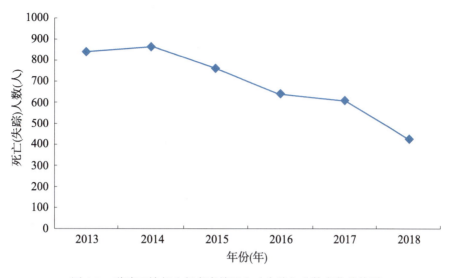

图 3-7　道路运输行业行车事故死亡（失踪）人数变化趋势图

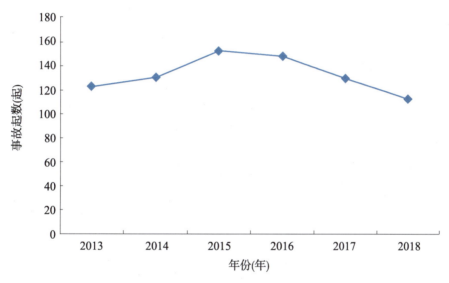

图 3-8　造成人员死亡（失踪）的水上交通事故起数变化趋势图

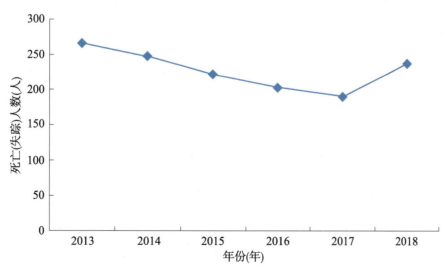

图 3-9　水上交通事故死亡（失踪）人数变化趋势图

三 民航领域

总体安全生产形势平稳。 民航业是我国经济社会发展重要的战略性产业，在国家开启全面建设社会主义现代化强国的新征程中发挥着重要作用。民航安全工作政治敏锐性强、社会关注度高。中国民航始终坚持安全第一，始终把保证人民群众生命安全作为头等大事来抓，在继承"飞飞整整"❶"八该一反对"❷等实践总结的基础上，不断创新安全管理，树立底线思维，狠抓"三基"建设❸，健全安全隐患排查治理机制，形成了民航安全运行平稳可控的良好态势。截至2018年底，我国运输航空实现连续安全飞行100个月、6836万小时。

民航安全水平国际领先。 民航领域深入学习贯彻习近平总书记关于安全生产的重要论述，将安全发展理念深入人心，稳中求进的工作总基调扎实落地，安全管理系统化水平不断提升。据统计，中国民航亿客公里死亡人数十年滚动值从2008年的0.0208降低到目前的0.0006，是十年前的1/32；百万小时重大事故率十年滚动值从2008年的0.25降低到目前的0.013，是十年前的1/19（图3-10）。两项事故指标与世界平均水平相比，分别为世界平均指标值1/12和1/11，安全水平得到极大提升。

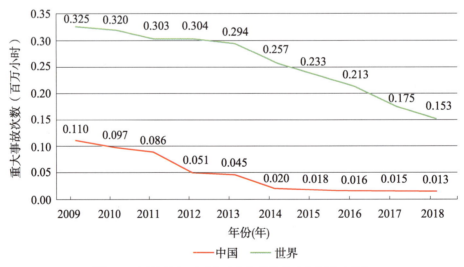

图3-10 运输航空百万小时重大事故率（十年滚动值）

---

❶ "飞飞整整"是指飞行，发现问题，整顿，再飞行。

❷ "八该一反对"是指该复飞的复飞、该穿云的穿云、该返航的返航、该备降的备降、该绕飞的绕飞、该等待的等待、该提醒的提醒、该动手的动手，反对盲目蛮干。

❸ "三基"建设是指抓基层，打基础，苦练基本功。

四 邮政领域

党的十八大以来,邮政业进入了历史上最好的发展时期,习近平总书记多次对邮政业改革发展工作作出重要指示批示,强调要加强快递队伍建设,做美好生活的创造者、守护者,加快农村"电商配送"渠道建设,强化快递包装废弃物防治,加强寄递渠道安全管理。

国家、省、市邮政业安全领导小组全面成立,国家邮政局市场监管司加挂安全监督管理司牌子,邮政业安全监管工作领导机制更加健全。牵头建立寄递渠道安全管理九部门联合机制,推动纳入社会治安综合治理(平安建设)考评体系,开创了齐抓共管、综合治理的工作格局。出台指导意见,对推进邮政业安全生产改革发展作出全面部署。推动寄递安全管理写入《中华人民共和国反恐怖主义法》,上升为国家意志。创立收寄验视、实名收寄、过机安检"三项制度",禁寄限寄有章可循,实名收寄和过机安检取得历史性突破,寄递安全管理进入制度化、标准化、规范化、信息化的新阶段。国家邮政局和部分地区安全中心相继成立,安全监管支撑保障能力不断强化。寄递安全保障成为重大活动、重要时期服务国家安全、公共安全、社会安全的重要组成部分,亚太经合组织(APEC)会议、中国人民抗日战争暨世界反法西斯战争胜利70周年纪念活动、二十国集团(G20)杭州峰会、党的十九大等重大活动寄递安全保障任务圆满完成,得到中央领导同志批示肯定。建立健全行业应急预案体系,有力应对自然灾害,妥善处置行业纠纷,高效化解上下游纷争,成为行业发展的稳定器。着眼全局,谋划推进"绿盾"工程,全面提升安全科技支撑后劲。在快递业快速发展的背景下,有效保障了行业安全平稳运行,发挥了"压舱石"的作用。

通过持续加强安全监管,推动"三项制度"[1]有效实施。针对群众反应强烈的快件延误、丢失损毁现象,坚决实施快件"不着地、不抛件、不摆地摊"治理,快递服务质量不断提升,用户合法权益得到有效维护。着力推动各地完善快递车辆通行管理政策,督促总部落实职工权益保护,组织开展"最美快递员"评选和关爱快递员活动,快递员工作环境不断改善。通过加强安全监管,为老百姓营造出安全稳定的寄递服务环境。

---

[1] "三项制度"是指收寄验视、实名收寄、过机安检。

第四章 安全发展理念牢固树立

党中央、国务院高度重视安全生产工作,党的十八大将加强安全生产工作作为全面深化改革、全面推进依法治国、全面建成小康社会的重要任务,作出了一系列重要决策部署,强化安全发展理念,强化红线意识、红线思维,完善落实安全生产责任和管理制度,严格安全监管执法、加强全社会安全宣传教育,着力提升全社会整体本质安全水平。

交通运输部认真贯彻落实习近平总书记关于安全生产工作的重要论述和指示精神,全面贯彻落实《中共中央国务院关于推进安全生产领域改革发展的意见》《国务院安全生产委员会关于做好安全生产"十三五"规划实施工作的通知》,进一步强化安全发展理念,出台了一系列文件规章、制度、标准规范,推动全行业强化交通运输安全生产工作,不断夯实安全基础,提升安全发展水平。

铁路领域

深入贯彻安全发展理念,推进铁路安全生产工作。 铁路领域牢固树立安全发展理念,以确保高速铁路和旅客安全万无一失为目标,聚焦"交通强国、铁路先行"目标任务,深化强基达标、提质增效工作主题,不断强化安全基础建设,持续深化技防、物防、人防"三位一体"安全保障体系,进一步加强安全预防控制体系,全面提升铁路安全管理水平。国家铁路局贯彻《中共中央国务院关于推进安全生产领域改革发展的意见》实施办法,制订并不断实施《铁路安全生产"十三五"规划》,中国铁路总公司制订出台了《安全生产三年计划》等规范性文件。

落实全员安全生产责任制。 全面深化对从业人员的安全发展主题教育,筑牢铁路安全管理理念。加强干部职工队伍培训教育,提升各级管理人员、作业人员能力素质。推进落实全员安全生产责任制,突出领导干部的关键作用,明确责任范围、考核标准,压实安全责任。加强技术规章、设备质量、作业标准、安全关键等安全专业管理。

有针对性地加强铁路领域监督管理。 国家铁路局坚持把安全监管作为首要职责,按照有利于铁路安全发展、健康发展的总体要求，围绕铁路运输安全、工程质量安全、设备质量安全和沿线环境安全，加强铁路领域监督管理。

深入组织开展安全生产系列活动。 按照国务院安全生产委员会关于开展全国"安全生产月"和"安全生产万里行"活动的通知要求，铁路领域深入贯彻党中央、国务院关于安全生产的决策部署，紧扣"防风险、除隐患、遏事故"的活动主题，广泛深入开展具有铁路特色的"安全生产月"和"安全生产万里行"活动。一是国家铁路局和铁路领域企业充分发挥舆论引导作用，通过报刊、电视、网络和宣传栏等各种宣传载体，大力宣传活动主题、意义和主要内容。二是开展由国家铁路局主办，相关部委、铁路企业和地方人民政府参加的专题"6.16"安全生产咨询日活动。三是组织开展以高速铁路沿线环境综合整治为重点的"打非治违"专项行动。四是开展安全生产大讲堂、高速铁路安全进校园专题宣传、珍惜生命安全警示教育等活动。五是聚焦问题，开展违法行为曝光专题行、监督检查专题行，同时针对连续发生事故、安全生产状态不良的地区与单位，对有关地方政府和企业开展安全生产约谈。

协同地方政府，形成监管合力。 国务院各有关部门、各级地方人民政府认真落实确保铁路运输安全的法定职责，积极开展铁路沿线环境综合整治工作。截至2018年底，共有8个省份颁布了保障铁路安全的地方性法规或政府规章，15个省（自治区、直辖市）与铁路监管机构和铁路运输企业建立了铁路沿线环境综合整治长效机制，检察机关推进铁路线下环境整治，公安机关加强铁路及沿线治安管理，打击查处了一批危及铁路运输安全特别是高速铁路安全的违法行为，铁路运输安全外部环境进一步好转。

二 公路水路领域

交通运输部党组在认真学习领会党中央重要指示精神，认真贯彻党中央、国务院关于加强安全生产工作的一系列重大决策部署的基础上，围绕坚持安全发展、科学发展，不断推进安全生产体系建设，强化安全监管，加强风险管控和隐患排查治理，不断压实安全生产责任，提升人员素质，将安全发展理念深入人心。

深入贯彻以安全发展理念引领安全生产。 公路水路领域一直贯彻以安全发展理念引领安全生产，提高保障和改善民生水平、加强和创新社会治理的重要理念，制订安全生产专项规划,明确目标任务和具体项目措施。2012年,公路水路领域在《交通运输"十二五"发展规划》中将积极推进应急保障体系的建设和安全保障体系的建设,保障群众安全顺畅出行作为五大主攻方向之一。之后在2014年,交通运输部提出建立以平安交通为基础的"综合交通、智慧交通、绿色交通、平安交通"的交通运输现代化发展有机体系。2015年,公路水路领域提出"推进交通运输安全体系建设,提高交通运输安全发展水平"。公路水路领域一直把安全发展理念贯穿于各领域、全过程,把保障人民群众出行安全放在首位,以安全生产环境为首要目标任务,以防范遏制重特大事故为重点,高举安全发展理念和红线意识的旗帜,强化履职尽责,严格监管执法,全面推进安全生产工作,全力维护人民群众生命财产安全。

组织特色主题教育活动。深入扎实开展"安全生产年""安全生产月""道路运输平安年""世界海员日"等一系列形式多样、内容丰富的主题活动,努力营造人人关注平安交通,全民推进平安交通的氛围。建立"交通运输安全生产"微信平台,宣传安全生产法律法规和方针政策,普及安全知识,弘扬安全文化,提升安全意识。编制警示教育片,警示教育广大从业人员强化安全生产意识。组织编写出版《公路水路行业安全举案说法》,分析各类事故的违法违规行为及该行为所应承担的法律后果,警示安全生产管理人员和从业人员遵守相关法律法规、规范标准和管理制度。坚持"教会一个孩子、影响一个家庭、带动整个社会"的理念,联合教育主管部门,广泛开展水上交通安全和海(水)上搜救知识等安全进校园活动,安全教育的社会覆盖面得到扩大,"小手牵大手"的安全教育效果不断凸显。

三 民航领域

坚持安全第一的管理理念。民航始终强化安全工作的政治担当,牢固树立"安全第一"的思想,坚持正确处理"安全与发展、安全与效益、安全与正常、安全与服务"四个关系。在每年的民航工作会议和安全会议上,民航局对安全工作作出全面部署。全领域认真贯彻落实中央领导对民航安全的重要指示精神和民航局的总体部署,围绕坚守安全底线,确保持续安全,从各方面强化措施。一是牢固树立安全第一的思想,始终把确保安全放在首位。二是切实落实安全主体责任,严格安全监管。三是不断加强"三基"建设,提高职工队伍能力素质。四是大力推进科技创新，积极研发应用安全新技术。五是对安全隐患零容忍，深入排查治理，牢牢掌握安全工作的主动权。六是加强宏观调控，整合资源配置，改善安全发展环境。

坚持稳中求进的安全发展理念。党的十八大以来，民航领域深入贯彻落实习近平总书记对民航安全工作的重要批示精神，从党和国家大局、国家战略和国家安全的高度认识航空安全、对待航空安全，民航局坚决把"两个维护"作为首要政治任务，自觉增强"四个意识"，切实做到"六个转化"。坚持"对安全隐患零容忍"，坚决执行确保民航安全运行平稳可控26条措施，坚持民航安全发展理念，全面加强党对安全工作的领导，始终坚持稳中求进的总基调，坚定推动安全领域改革创新，以"六个一以贯之"抓安全工作，即抓责任落实一以贯之，牢牢把握安全生产的关键；抓规章标准一以贯之，坚决筑牢安全生产的底线；抓安全诚信一以贯之，切实强化安全生产的红线；抓资质能力一以贯之，持续夯实安全生产的基础；抓系统管理一以贯之，着力提升安全生产的效能；抓技术创新一以贯之，不断激发安全生产的活力。

坚持科学发展与安全发展。民航局聚焦行业安全发展的主要矛盾，不断把以"基层建设、基础工作、基本训练"为主要内容的新时期"三基"建设引向深入，不断提升安全管理的系统效能；结合行业安全大检查，在隐患排查治理及安全风险防控上狠下功夫；按照"控总量、调结构"的工作思路，始终坚持把航空公司、机场、空管单位的安全状况与保障能力作为航班时刻、航线资源分配和机场容量增减的重要依据，鼓励安全综合保障能力好的企业优先发展，提高安全发展质量。民航系统大力弘扬践行当代民航精神、英雄机组精神及"三个敬畏"的职业精神，积极推进建立健全安全从业人员工作作风建设的长效机制，教育引导民航广大干部职工把对"生命、规章、职责"的敬畏融入制度、化为责任、落到日常。通过"安康杯"评比、"青年安全生产示范岗"创建、职业技能大赛、安全生产月、各类班组长培训和经验交流等活动，将安全理念深入行业一线，推动当代民航精神扎根班组，锤炼岗位技能和工匠精神，把"安全教育到班组、手册执行到班组、风险防控到班组、技能培训到班组"的要求落实到位，一线班组的安全素质不断提升，涌现出以"中国民航英雄机组"为代表的优秀班组。

四　邮政领域

坚持安全第一，切实把安全工作放在首位。 十八大以来，邮政业始终坚持安全发展理念，坚持"安全第一、生命至上"，不断夯实安全管理基础，完善各项机制。邮政业是国民经济和社会发展的基础性、先导性行业。牢固树立安全发展理念，始终把安全生产工作放在首位，作为一切工作的出发点和落脚点，将安全生产工作优先考虑、优先部署、优先保障，才能确保邮政业安全发展。

坚持生命至上，坚决不越安全生产红线。 邮政领域坚持抓好安全生产工作，防范安全生产事故发生，保障人民群众生命财产安全。邮政领域与人民群众工作、生活紧密联系、息息相关，建设邮政强国，推进邮政领域高质量发展，首先就是要坚守安全底线，维护人民群众生命财务安全。

安全责任重于泰山，狠抓安全责任落实是做好安全生产工作的关键。抓好安全生产工作、履行好安全生产工作职责是邮政领域工作的根本要求。按照"党政同责、一岗双责、齐抓共管、失职追责"和"管行业必须管安全、管业务必须管安全、管生产经营必须管安全"的总要求，依据法律法规和"三定方案"确定的工作职责，邮政领域要求照单履职、认真履职、规范履职。

第五章 安全管理体制机制改革逐步深化

为落实十八届三中全会关于深化安全生产体制改革的重要部署，交通运输行业服务经济社会发展大局，主动适应发展需求和发展趋势，持续深化改革，理顺安全管理体制机制，在安全监管机构和队伍建设、跨部门跨区域安全生产机制建设等方面不断改革创新，提升行业安全管理能力和效率，破解安全生产难题。

 铁路领域

通过铁路领域管理体制深化改革，从计划经济时期的高度集中、大一统、半军事化形态，逐步向适应社会主义市场经济要求转变，铁路领域治理体系和治理能力不断优化提升，政府作用更好发挥，铁路企业不断壮大发展，在安全管理体制机制改革的主要举措有以下方面。

铁路政企分开改革。2013年，我国铁路管理体制实现政企分开改革。将铁道部拟订铁路发展规划和政策的行政职责划入交通运输部。组建国家铁路局，由交通运输部管理，承担原铁道部的行政职责，负责拟订铁路技术标准，监督管理铁路安全生产、运输服务质量和铁路工程质量等。组建中国铁路总公司，承担原铁道部的企业职责，负责铁路运输统一调度指挥，经营铁路客货运输业务，承担专运、特运任务，负责铁路建设，承担铁路安全生产主体责任等。

建立铁路安全生产约谈机制。制订实施《铁路安全生产约谈实施办法（试行）》，对负有责任的地方人民政府及相关部门开展约谈，及时提醒、告诫，并将约谈情况通过政府网站向社会公开，督促落实属地责任，促进铁路安全责任落实。

建立铁路政企分开新形势下的安全生产委员会组织。2013年，建立了由国家铁路局召集，铁路运输、设备制造维修、工程施工、勘察设计等相关企业负责人参加的定期安全生产委员会联络员会议制度。

二　公路水路领域

深化改革，强化行业安全管理。 调整交通运输部安全委员会，将交通运输部综合司局纳入安全委员会成员单位，强化安全生产综合协调管理职能。将安全生产与交通运输基础设施质量安全并列为交通运输行业的重心并予以加强，强调安全与质量在交通运输的保障作用。调整组建安全与质量监督管理司，作为交通运输部安全委员会的办事机构，负责组织拟订公路、水路安全生产和工程建设质量监督管理政策、应急预案并监督实施等；中国海上搜救中心（中国海上溢油应急中心）与交通运输部应急办公室合署办公，强化专业协调与综合协调的作用。

成立国家海上搜救和重大海上溢油应急处置部际联席会议。 2005年国务院批复同意建立了国家海上搜救部际联席会议制度，2012年国务院批复同意建立了国家重大海上溢油应急处置部际联席会议制度，2014年交通运输部制定了《国家海上搜救和重大海上溢油应急处置部际联席会议工作制度》等五项工作制度，推动建立统一指挥、反应灵敏、协调有序、运转高效的海上搜救和重大海上溢油应急处置机制，推动实现海上搜救和重大海上溢油应急处置"五化"（管理运行制度化、队伍装备正规化、决策指挥科学化、理念视野国际化、日常工作窗口化）。

三　民航领域

深化改革，明确职责。 深入贯彻落实《中共中央　国务院关于推进安全生产领域改革发展的意见》，将党对安全工作的领导贯穿安全生产的全过程，落实到安全生产领域的各个层面。按照统一、精简、高效的原则，进一步优化民航行政机关机构设置、职能配置和工作流程，调整行政机关"民航局—地区管理局—监管局/运行办"职责分工，清晰界定民航监管部门与地方政府相关部门行业管理职责。强化安全生产责任制，坚决落实"管业务必须管安全、管行业必须管安全、管生产经营必须管安全"的工作要求，做到党政同责、一岗双责。

上下协调，左右联动。 充分发挥民航运行协调决策机制的作用，参与运行协调机制的成员单位包括：民航局有关业务司局、民航局空中交通管理局、地区管理局、地区空管局、部分主要运输航空公司和机场公司。每年平均召开运行协调视频会议 300 余次，协调航空公司运行中出现的问题千余件。

改进监管，提高效率。 坚持以精准、差异化监管为目标，深化行业监管模式改革，按监管对象和事项的不同，科学分析和抽取监管样本，精准选用监管手段，合理调配监管资源，提升监管效能。民航领域监管执法信息系统建设全面铺开，采用云计算技术构建全行业统一执法平台，使得民航监察员可以采用统一标准、统一表单、统一流程进行检查，指导企事业单位深入开展"法定自查"，落实安全生产主体责任，进一步推进监管重点由"盯人、盯事"向"盯组织、盯系统"转变。

优化管理，"解放"通航。 在通用航空管理方面，仅 2018 年民航局就出台 60 余项"放管服"政策措施，并通过通航法规体系重构工作，对改革成果进行固化。开展非载客、非亡人通航事故及事故征候的委托调查试点工作，推动调查工作由"一事一委托"向"按程序委托"转变。

推进改革，效率优先。 在空管系统改革方面，围绕"四强空管"❶的总目标，在安全领域不断加大改革力度，运行效率进一步提高，管制员"安心一线"的局面初步形成，空管资源保障体系、空域管理体系和通航服务体系建设初见成效。机场管理改革平稳有序。机场的集团化管控模式日渐成熟，机场运管委机制成效显著；按照《航空器机坪管制移交工作总体方案》和《民用航空空中交通管制员执照管理规则》，集中开展机坪管制人员差异补充培训，14 个机场顺利完成管制移交。

四 邮政领域

安全管理体制不断完善。 在 2007 年国家邮政局重组完成后，国家局成立安全监督管理司，邮政领域安全管理工作主要由国家邮政局市场监管司（安全监督管理司）负责。根据 2009 年修订后的《中华人民共和国邮政法》规定，安全管理的范围除传统邮政普遍服务外，还包括快递服务。为增强邮政领域安全管理能力建设，国家邮政局不断完善安全管理组织机构建设。2012 年，国务院办公厅下发《关于完善省级以下邮政监管体制的

---

❶ "四强空管"是指建设强安全、强效率、强智慧、强协同的现代化空管体系。

通知》，省级以下邮政安全管理队伍建设拉开序幕，357个市（地）邮政管理局相继成立，三级邮政安全管理体制正式建立。

推进邮政业安全中心建设。 2014年经中央机构编制委员会办公室批复，国家邮政局邮政业安全中心成功组建，作为全国邮政业安全监管和应急管理的基础服务、技术支撑和规制保障部门，邮政业安全中心的组建，是国家邮政局一项具有里程碑意义的战略部署和工作决策。截至2018年8月，全国已有14个省（自治区、直辖市）、35个地（市）安全中心获批成立，为全面提升和加强邮政领域安全监管工作提供重要支撑。

推进各项安全管理机制建设。 2016年，成立由主要领导担任组长的邮政业安全领导小组，加强对邮政领域安全管理工作统一领导。2016年在中央大力支持下，国家邮政局市场监管司加挂安全监督管理司牌子，行业安全生产工作的组织领导能力和监管力度得到进一步加强，安全生产监管支撑体系建设有力推进。健全落实安全生产责任制，指导各级邮政管理部门成立由主要领导担任组长的安全生产领导小组。不断发挥寄递安全监管联合机制作用，将寄递渠道安全管理纳入综合治理工作（平安建设）考评内容，推动属地管理和综合治理责任落实。

第六章　安全法治建设更加完善

党的十八大以来，交通运输部坚持法治思维，坚持依法行政，强化立法，着力健全交通安全法规制度和标准体系，加快推进交通安全法治化进程，促进依法治国方略在铁路、公路、水路、民航、邮政各领域的落实。交通运输行业大力健全安全生产领域的相关法规标准，全面梳理了现行交通运输行业安全生产法规体系，坚持"立改废释"并举，加速推动了一系列法律法规的出台、修订。围绕基础设施建设与运营、运输工具和装备设施、生产作业、养护和安全生产管理等方面制定完善了相应的安全生产标准规范。

党的十八大以来，在交通运输业大发展的同时，不断深化综合执法改革，加强执法队伍建设，强化事中事后监管，加大违章失信行为惩戒力度，交通运输行政执法体系不断完善，执法队伍逐渐规范，执法管理更加科学，成为保障交通运输市场健康运行、推进市场经济发展的重要力量。

一　铁路领域

1. 立法层面

有序推进立法工作。 党的十八大以来，随着铁路领域政企分开改革发展，铁路领域进一步加强安全法规和标准建设，对铁道部时期的规章和规范性文件进行了专项清理，先后颁布实施了《铁路安全管理条例》《铁路专用设备缺陷产品召回管理办法》《铁路危险货物运输安全监督管理规定》《铁路旅客运输安全检查管理办法》《铁路旅客车票实名制管理办法》《铁路运输企业准入许可办法》《违反〈铁路安全管理条例〉行政处罚实施办法》《铁路运输基础设备生产企业审批办法》《铁路机车车辆驾驶人员资格许可办法》《铁路机车车辆设计制造维修进口许可办法》《高速铁路基础设施运用状态检测管理办法》《铁路安全生产违法行为公告办法》《油气输送管道与铁路交汇工程技术及管理规定》《公路与市政工程下穿高速铁路技术规程》《高速铁路安全防护工程设计规范》等法规规章和制度标准。国家铁路局2014—2018年共颁布铁路领域规章14部、规范性文件92个、标准532项。河北、云南、贵州、湖北、甘肃、重庆、福建、广东等省（直辖市）先后颁布实施铁路安全方面的地方性法规或政府规章。同时，铁路部门积极协调推进《中华人民共和国铁路法》《铁路交通事故应急救援和调查处理条例》《铁路运输条例》等法律法规的制修订，研究制订《高速铁路安全防护管理办法》等规章标准，不断提升铁路领域依法治理的能力和水平。

2. 执法层面

强化安全质量监管执法。国家铁路局强化安全质量监管执法，全力维护铁路运输安全稳定。一是始终把强化铁路运输安全监管作为首要任务，加强对运输高峰期、恶劣气象条件、运输关键时期和关键环节、重要设备安全的监督检查。突出重点，盯住关键，落实国务院安全生产委员会在全国集中开展"打非治违"专项行动的要求，紧紧围绕铁路线路安全保护区内违法行为、油气管道违法穿越铁路施工、非法运输危险物品、铁路工程非法施工等重点，强化监管执法。组织对神华、桃威等铁路开展专项监督检查。与国家有关部委联合发布《禁止携带物品目录》《危险化学品目录》《关于加强物流安全管理工作的若干意见》。二是强化工程质量安全监管，加大对铁路建设设计、施工质量、工程建筑材料、建筑构配件等管控力度，强化新线开通运营前验收评估，防止铁路建设工程留下安全隐患。三是注重源头质量卡控，加强设备质量安全监管。对事关铁路运输安全、重大技术创新以及新申请进入铁路领域的许可申请，加强审查把关，切实从源头卡控铁路专用设备质量安全。强化事中事后监管，重点检查企业持续许可条件，对已不满足许可条件或有问题不认真整改的企业，采取有效惩戒措施。对设备惯性故障和铁路交通事故暴露出的产品质量和运用维护问题，一追到底，查明症结，督促改进，消除安全隐患。组织铁路运输基础设备产品质量认证检测和许可设备产品质量监督抽查检测，对质量不合格的产品，提出处置意见并进行通报，督促责任企业整改落实。

加强执法队伍建设。大力开展执法人员培训教育，实施持证上岗。严格规范执法程序，加强行政处罚案件合法性审查，提升执法人员依法办案水平。推进阳光政府建设，贯彻落实党中央、国务院关于政务公开工作的决策部署，虚心倾听社会舆论的呼声，认真分析社会关注和监管履职中的热点问题，及时主动回应，出台了《国家铁路局行政处罚信息公开办法》，依法公开政府信息，自觉接受社会监督。

强化联动机制。全国铁路公安机关突出高速铁路和旅客安全，强化路地联动、警企携手、区域协作，全力做好防风险、保安全、护稳定工作，全力维护铁路良好治安秩序。把滋扰站车秩序、侵害旅客权益的行为作为打击整治的重点，对霸座占座、扒阻车门、倒卖车票、醉酒滋事、动车组吸烟、恶意逃票、损毁站车设备、阻碍民警执法和铁路工作人员履行职务等违法犯罪"重拳出击"。

聚焦安全关键，推进高速铁路外部环境隐患综合治理。积极推动省级地方人民政府加快铁路安全立法，加强路外环境管理，把沿线路外环境的安全隐患整治、安全保护区划定和管理等责任落实到位。与公安、检察、住建等部门开展联合执法，重点整治铁路沿线非法施工、放火烧荒、机动车侵限、保护区内私搭乱建等隐患问题。

加强旅客信用记录体系建设。2017 年 1 月，中国铁路总公司为维护站车良好秩序，努力营造文明和谐的旅行环境，根据国务院《征信业管理条例》和国家发展和改革委等五部委《关于加强交通出行领域信用建设的指导意见》等相关规定，制定实施《铁路旅客信用记录管理办法（试行）》，将扰乱铁路站车秩序、在动车组吸烟等危害铁路安全的失信行为，纳入铁路旅客信用信息记录，在一定期限内限制购票，并按规定向国家、地方政府相关部门和有关征信机构提供铁路旅客信用信息，实行联合惩戒。

二 公路水路领域

1. 立法层面

安全生产法规不断健全。公路水路领域大力健全安全生产领域的相关法规，全面梳理了现行交通运输行业安全生产法规体系，坚持"立改废释"并举，加速推动了一系列相关法律法规的出台、修订。依据《中华人民共和国安全生产法》《中华人民共和国突发事件应对法》《中华人民共和国道路交通安全法》等国家安全生产和应急法律，不断完善交通运输行业安全生产和应急法规体系建设。先后颁布实施了《中华人民共和国航道法》《公路安全保护条例》《收费公路管理条例》《防治船舶污染海洋环境管理条例》等法律法规，积极推进了《中华人民共和国公路法》《中华人民共和国港口法》《中华人民共和国海上交通安全法》《中华人民共和国道路运输条例》《中华人民共和国内河交通安全管理条例》《中华人民共和国船员条例》等法律、行政法规修订工作。

安全生产规章不断完善。改革开放以来，公路水路领域已颁布实施了一系列交通运输安全生产相关的规章，初步实现了有章可循。在水路方面，颁布了《国内水路运输管理规定》《水路旅客运输规则》《水路危险货物运输规则》《老旧运输船舶管理规定》

《港口危险货物安全管理规定》《危险货物水路运输从业人员考核和从业资格管理规定》等规章。公路方面，颁布了《道路危险货物运输管理规定》《道路旅客运输及客运站管理规定》《超限运输车辆行驶公路管理规定》《城市轨道交通运营管理规定》等规章，安全生产规章制度体系逐步完善。同时，公路水路领域加强了行业安全生产相关标准规范建设，围绕基础设施建设与运营、运输工具和装备设施、生产作业、养护和安全生产管理等方面制定完善了相应的安全生产标准规范，重点完成了城市公交、轨道交通运营、道路客运、危险货物道路运输、港口危险货物罐区作业等领域标准规范制修订工作。制定了《道路旅客运输企业安全管理规范》《汽车客运站安全生产规范》《汽车、挂车及汽车列车外廓尺寸、轴荷及质量限值》《公路项目安全性评价规范》《公路养护安全作业规程》《城市轨道交通运营管理规范》《港口危险货物作业安全评价导则》等数百项标准规范，基本形成交通运输行业安全标准规范体系。

2. 执法层面

行政执法体系不断完善。稳步推进交通运输综合行政执法改革。按照《中共中央关于深化党和国家机构改革的决定》《深化党和国家机构改革方案》要求，会同相关部门研究制定推进交通运输综合执法改革指导意见，指导整合组建交通运输综合执法队伍。坚决贯彻落实《关于深化交通运输综合行政执法改革的指导意见》，成立综合行政执法改革领导机构，全面指导交通运输综合行政执法改革工作。统筹推进行政执法"四基四化"建设，开展交通运输基层执法队伍职业化建设、基层执法站所标准化建设、基础管理制度规范化建设、基层执法工作信息化建设等标准和制度研究，促进提升交通运输行政执法的标准化水平。

行政执法队伍建设不断加强。健全行政执法人员管理制度，严格实行交通运输行政执法人员持证上岗和资格管理制度，全面完成交通运输行政执法队伍轮训工作。严格执法队伍监督管理，进一步完善执法人员资格准入制度，建立了培训长效机制，全国范围开展行政执法不规范治理工作，交通运输执法队伍的整体素质得到了有效提升。

安全监管制度不断完善。系统制定了安全生产警示约谈、挂牌督办、责任追究、重点监管、风险管理、隐患治理、信用管理等综合安全管理制度。组织对每项拟取消行政许可事项提出事中事后监管细则。全面推行"双随机、一公开"（随机抽取检查对象，随机选派执法检查人员，抽查情况及查处结果及时向社会公开）监管工作。推广了市场监管"黑名单"制度、行业信用考核等一批加强事中事后监管措施。运用科技监管手段加大了公路水路工程建设、道路运输行业管理、行业安全生产等重点领域的日常监管力度。启动了"一个窗口"网上审批系统、海事协同管理系统等科技信息化平台的建设，加强交通运输行业信息化监管能力。

全面推进行业信用体系建设。建成全国交通运输信用信息共享平台，归集共享行业信用信息，并及时通过"信用交通"网站向社会公示。印发《交通运输守信联合激励和失信联合惩戒对象名单管理办法（试行）》，会同国家发展改革委等36个部门印发《关于对交通运输工程建设领域守信典型企业实施联合激励的合作备忘录》，发布公路水运工程建设守信典型企业名单和公路超限违法失信名单，发布年度公路建设、水运工程建设领域设计、施工和监理全国信用评价结果。建立健全企业安全生产诚信管理制度，完善守信激励、失信惩戒机制，建设安全生产诚信管理信息系统，与行业信用信息平台全面融合，构建科学、完备的交通运输企业安全生产诚信体系，促进交通运输企业诚实守信、安全生产。加强信用信息平台建设，加强信用法规制度建设，加强完善信用标准规范，加强信用评价工作，将交通运输企业和从业人员纳入信用评价体系，组织开展公路设计、施工、监理、试验检测企业年度信用评价工作。推进水运工程设计、施工、监理、试验检测企业信用评价工作，建立守信激励和失信惩戒机制，推动交通运输信用体系建设。

民航领域

1. 立法层面

出台行业首部五年立法规划。发布《民航"十三五"立法规划》《民航立法规划管理办法》，初步确立了"十三五"期间民用航空法规体系框架，发挥立法在法治体系中的引领作用，科学指导民航法治建设，增强行业立法工作的系统性、前瞻性，民航法规碎片化现象得到有效改进。

扎实推进《民航法》修订工作。配合审批制度改革，完成《民航法》共五次修正。同步推进《民航法》修订和《中华人民共和国航空法》起草研究，向交通运输部报送《民航法》修订稿。加强民主立法、提高公众参与度，完成《民航法》修订稿征求中央部委及地方政府意见工作，并首次面向社会公众公开征求意见，召开或参加专门座谈会，听取多位法学专家、专业人员意见建议。

加强重点领域立法。开展事故调查、飞行标准、运输规则、通用航空、机场管理、空管人员执照和设备、航空安保等重点领域的法规、规章审查工作，不断完善民航法规体系。

促进规章建设与时俱进。以"与时俱进"为立法工作指针，全面指导民航立法工作。清理存量，组织全面梳理法规规章。征集意见建议，逐一提出处理措施，与立法计划和规划对接落实。把住增量，将与时俱进等四方面要求全面纳入法规规章审查标准。

开展各类法规清理工作。按照党中央、国务院部署要求，开展不平等保护非公有制经济、民航领域军民融合、放管服改革、生态文明、排除限制竞争、证明事项、产权保护等法律、法规及文件清理工作。初步建立公平竞争审查工作机制，将公平竞争审查内容融入规章和文件合法性审查要点。

加强规范性文件管理。完善规范性文件制定程序，实行规范性文件统一登记、统一编号、统一印发。按照国务院办公厅文件精神和要求，推进行政规范性文件合法性审核工作，启动增量文件合法性审核，明确过渡期安排，妥善处理稳定性与规范性的关系。

2. 执法层面

开展执法规范化建设。印发《民航局关于全面规范运用行业监管手段的指导意见》，指导民航行政机关综合运用行政强制、行政处罚、行政许可、行政约见、经济调控、协同监管等多种监管手段，确保行业安全。制订《民航行政机关行政处罚裁量权规范办法》，确保过罚相当，保障行政处罚裁量权的合理正当行使。发布监察员管理程序，规范监察员管理。

行业监管模式调整改革。采用监管事项清单的方式明确监管边界和监管主要内容，解决监管职责边界不清、监管资源消耗过大、企业主体责任落实不到位等问题。持续收集、研究解决来自各方的意见建议，不断更新监管事项库。启动民航领域监管执法信息系统的试用工作。优化监管模式，采用自律与他律相结合的方式，指导企事业单位深入开展"法定自查"，落实安全生产主体责任，进一步推进监管重点由"盯人、盯事"向"盯组织、盯系统"转变，固化改革成果。

综合运用多种手段，加大行政执法力度。对责任原因事故征候多发、安全保障能力不足的航空公司、机场、维修单位实施运行限制。对违规专业技术人员给予行政处理。加强专业人员资质排查。从严监管外国航空公司在华运行。

完善民航信用管理体系。以部际间、行业内、失信人三个层面的三部文件为基础，建立起民航信用管理体系框架。开展信用信息双公示工作，向信用中国网站、国家企业信用信息公示系统、信用交通网站分别推送行政许可信息。

四 邮政领域

1. 立法层面

行业法治环境不断优化。一是《邮政法》进行了一次修订、两次修改。2009年，根据新的形势变化，对政企合一时期的1986年《邮政法》进行了全面修订，将原来44条3000多字丰富为87条1万余字。2012年，《邮政法》修正，主要是将邮政管理体制由两级调整为三级。《邮政法》的修改以法律的形式固化了邮政改革成果，肯定了政企分开的邮政体制，建立起较为完善的邮政普遍服务保障制度，赋予快递企业法律地位，确立了"鼓励竞争、促进发展"的邮政市场管理原则，实现邮政管理部门职权法定，适应了经济社会快速发展对邮政业的迫切要求。二是出台了《快递暂行条例》。2018年3月2日，国务院总理李克强签署国务院令，公布《快递暂行条例》，自2018年5月1日起施行。《快递暂行条例》是邮政体制改革以来取得的重要立法成果，是邮政体制改革以来的第一部行政法规，也是世界上为数不多的全方位调整快递业法律关系的专门法。《快递暂行条例》作为部门规章和地方性法规的上位法，对行业管理和发展进行了一系列创新和务实的制度安排，是对党中央、国务院重大战略决策部署的细化、实化、深化，是落实全面依法治国、建设法治政府的重要抓手。三是加快完善配套规章制度。为深入贯彻《邮政法》，遵循邮政业发展规律，紧密围绕现代邮政业建设目标，相继出台了《邮政普遍服务监督管理办法》等11部部门规章，细化了普遍服务、快递服务、行业安全、标准管理、行业统计等方面的具体管理制度。目前行业管理和监管的制度建设越来越规范化，并紧随邮政业改革发展形势和工作实践的深入进一步完善。四是邮政地方立法成效明显。为贯彻落实《邮政法》和维护行业法规体系的有机统一，按照"国家局统筹指导，省局主动落实"的工作机制，全面推动邮政地方立法工作。政企分开至今，68部地方性法规规章，将《邮政法》的原则规定与地方实际相结合，增强了《邮政法》的可操作性和实效性，突出了邮政业服务地方经济社会发展的特色。湖南、云南、四川等省的邮政条例规定了提供邮政普遍服务的邮政营业场所、邮件处理场所用地由政府划拨。

经过不懈努力，搭建起了新阶段邮政业发展和管理的制度框架。以《邮政法》为主干，由行政法规、地方性法规、部门规章、地方政府规章等多个层次法律规范构成的邮政法律法规体系基本形成。邮政业改革发展各方面总体上做到了有法可依、有规可循，良好的行业法治环境初步形成。

安全监管法规体系逐步健全。 2011年国家邮政局在全面落实《邮政法》的基础上，颁布实施行业安全总规《邮政行业安全监督管理办法》。全面规范邮政领域安全监督管理工作原则、内容、方式、程序，制定禁寄、收寄验视、重大事件报告、信息报送等安全监管制度，将安全检查纳入日常检查的范围，督促主要快递企业建立日常运营实时监管信息系统。2012年制定《寄递渠道反恐怖工作标准》，寄递渠道反恐怖工作标准化、规范化水平得到提升。2014年出台《寄递服务用户个人信息安全管理规定》和《邮政行业安全信息报告和处理规定》，全面提升行业安全信息的管理与保障能力。2016年修订《禁止寄递物品管理规定》，禁止寄递物品从14项增加到"18+1"项（18类物品及其他），载明列举物品从58种增加到188种。截至2018年，行业在《邮政法》和《快递暂行条例》的基础上，颁布实施寄递管理、信息安全、三项制度、安全报告与检查等各类法规10余项，法规体系逐步健全。2018年出台《邮件快件实名收寄管理办法》，明确了实名收寄的行为内容、责任分配，规定了不同情形的操作规范，强化了寄递企业保障用户信息安全的义务、寄递企业违反实名收寄规定的法律责任。

2. 执法层面

开展专项整治，进一步夯实安全责任。 推动安全邮政行动计划，出台《推进邮政业安全生产领域改革发展的指导意见》。出台《关于打好防范化解重大风险攻坚战的实施意见》和《关于强化落实企业安全生产主体责任的指导意见》，开展邮政业安全生产信息统计工作。坚持定期分析研判安全形势，研究部署具体工作，将安全生产作为巡视工作重要内容。为提高寄递渠道安全监管力度，国家邮政局采取超常规措施，集中力量对重点问题、重点区域、重点环节进行集中整治。开展寄递渠道安全综合整治、安全生产大检查、违法寄递危险化学品整治、易制爆危险化学品和寄递安全专项整治、涉恐隐患排查治理、毒品堵源截流等系列专项行动，有效防范化解各类风险隐患。督促企业严格落实"八有"[1]"五个一"[2]要求。督促企业总部加强对全网的管控制度建设，加强对加盟企业、分支机构的安全管理。

---

[1] "八有"是指有机构、有制度、有人员、有经费、有培训、有行动、有检查、有效果。

[2] "五个一"是指一个安全机构、一支安全队伍、一套标准制度、一本安全台账、一次应急演练。

完成旺季服务寄递安保任务。 近年来，随着电子商务的快速发展，为有效应对"双11""双12"、春节等业务旺季期间因寄递物品数量激增对行业安全造成的巨大压力，保障寄递渠道安全畅通，国家邮政局秉承更高水平统筹驾驭，更高水平协调衔接，更高水平组织实施指导思想，深化三级联动（国家局、省局、市局）和三维互动（政府、协会、企业）保障机制，强化"错峰发货、均衡推进"的核心工作机制，有效提升电商、快递企业协同作业能力，实现国内国际均衡推进。坚持科技支撑，升级新建安监系统、电商协同数据平台、视频监控系统、实名监管系统、安易递和申诉等6大系统，有效连接电商及快递企业数据，实时监控收投流量流向，充分发挥精准数据预测和雷达预警等功能，及时向社会发布消费提示，有效缓解末端服务压力。

第七章　风险防控体系有效构建

党的十九大将防范化解重大风险摆在打好三大攻坚战的首位，党的十八届三中全会通过的《中共中央关于全面深化改革若干重大问题的决定》指出，建立隐患排查治理体系和安全预防控制体系，遏制重特大安全事故。为落实这一重要部署，交通运输行业出台系列举措，加强安全生产风险管理工作，风险管理机制有效建立，隐患排查治理取得新进展，风险防控体系有效构建。

一　铁路领域

1. 风险管理机制有效建立

六个方面构建铁路安全风险防控体系。一是企业安全保障体系；二是政府监管和行业管理体系；三是安全科技支撑体系；四是安全生产法律法规体系；五是高速铁路安全保障体系；六是应急救援体系。

铁路运输企业深入推进安全风险管理。一是强化安全管理职责、现场作业标准落实、安全约谈、专业安全检查评价制度、安全考核激励机制等安全管理基础；二是加强规章制度修订、人力资源管理等安全管理源头控制；三是强化安全信息追踪分析、典型事故通报、安全对话、安全预警等安全过程控制。

加强铁路安全风险日常管控。针对关键设备、场所和岗位，建立健全分级管控和安全风险预测分析制度，对重点领域、重点区域、重点部位、重点环节和重大危险源，采取有效的技术、工程和管理控制措施，加强新设备、新材料、新工艺的安全风险评估，强化设备设施的源头、过程质量控制。严格铁路施工、铁路维修、设备制造、新线开通、危险货物运输等关键环节安全管控。严控高速铁路、长大桥梁、长大隧道安全风险，确保重点风险全面受控。以确保高速铁路和旅客列车为重点，完善优化并严格落实设备设施的运用管理及养护维修制度，优化生产组织和劳动组织。完善铁路安全风险预警预控机制，健全安全监控手段，创新现场监管方式，有效防范重特大安全生产事故。

2. 隐患排查治理取得新进展

建立健全铁路隐患排查治理制度。 既对经常发生的事故、普遍的设备故障紧抓不放，更要敏感关注偶发的新问题和新故障，全面排查安全隐患。每年结合企业安全生产实际，确定专项整治项目，投入专项资金。对重大事故隐患实行挂牌督办，对长期不能消除隐患或查出问题不整改的，视同事故责任予以追究。加强突出隐患的整治，推进以铁路危险化学品运输为重点的专项整治，落实安全防范措施，及时消除隐患。

加强对重点安全隐患的监管。 建立了监督检查督办制度，对现场发现的问题和隐患，及时反馈相关单位督促整改，对发出整改通知的，做好问题反馈记录并跟踪整改落实情况，督促企业及时整改到位。建立了监督检查问题库制度，通过对问题进行梳理分析，研判安全风险，向企业发出预警，不断增强监督检查的针对性、实效性。按计划有序开展年度安全隐患排查治理工作。铁路领域每年度结合运输变化、隐患分析、铁路建设和新开通高速铁路等相关情况，针对运输高峰期、重点时段和运输关键环节等，制定春运、防洪、危险品运输、高速铁路设备源头质量等安全质量监督检查计划，编制专项监督检查手册，扎实开展各项安全隐患排查治理工作。

公路水路领域

1. 风险管理机制有效建立

风险管理制度建设进一步完善。 为了推进公路水路领域安全生产风险管理和隐患治理双重预防机制，公路水路领域制定了《公路水路行业安全生产风险管理暂行办法》《港口安全生产风险辨识管控指南》，确立了交通运输安全生产风险管理制度交通运输部会同生态环境部、工业和信息化部、应急管理部修订发布内河禁运危险化学品目录，建立了港口危险货物集中区域安全风险评估、重大危险源管理等制度；标准制定方面，出台了《公路水路行业安全生产风险辨识评估管控基本规范（试行）》，进一步推进了风险管理工作的制度化、规范化。

风险试点工作有效开展。 为落实十八届三中全会关于深化安全生产体制改革的重要部署，推进公路水路领域安全生产风险管理工作，交通运输部发布的《交通运输部关于推进安全生产风险管理工作的意见》全面部署了公路水路领域安全生产风险管理工作。

全国交通运输系统开展了安全生产风险管理试点工作，在全国选取了包括管理部门、各领域企业和项目建设单位共28家试点单位开展了风险管理试点工作，试点建立安全风险管理机制，编制安全生产风险辨识手册与评估指南，开展安全生产风险源辨识、评估，确定安全生产风险源等级，制定风险源、关键岗位人员防范管控措施。安全风险管理工作在公路水路领域全面推进。

2. 隐患排查治理取得新进展

完善隐患排查治理制度和标准体系建设。近年来，为推进重大事故隐患排查治理工作，公路水路领域部分领域重大事故隐患判定标准相继出台。交通运输部印发了《城市轨道交通运营安全风险分级管控和隐患排查治理管理办法》《公路水路行业安全生产事故隐患治理暂行办法》《公路水运工程建设重大事故隐患清单管理制度》《公路水运工程生产安全重大事故隐患挂牌督办制度（暂行）》《关于开展安全生产风险防控和隐患排查治理百日行动的通知》；交通运输部办公厅印发了《危险货物港口作业重大事故隐患判定指南》《水上客运重大事故隐患判定指南（暂行）》，进一步完善了行业重大事故隐患排查治理工作的规范化、标准化、制度化管理。

完善隐患排查治理体系建设，推进隐患排查治理工作。组织开展安全生产风险防控和隐患排查治理百日行动，涵盖道路运输和城市客运、水路运输、港口生产、公路路网运营、公路水运工程施工防灾减灾等6个方面，共15项具体风险防控和隐患排查工作的具体内容。一是道路运输和城市客运方面，重点从长途客运班线、危险货物道路运输、城市客运等方面开展风险防控和隐患治理；二是水路运输方面，重点从水路客运风险、水路危险货物运输、航道和通航建筑物风险等方面开展风险防控和隐患治理；三是港口生产方面，重点从加强港口生产风险防控、加强港口设施设备、港口作业等方面开展隐患排查治理；四是公路基础设施方面，重点对在役桥隧、事故易发多发、连续长陡下坡等重点路段开展风险防控和隐患治理；五是公路水运工程施工方面，在公路工程施工和港口、航道、航电枢纽等水运工程施工两方面开展风险防控和隐患治理；六是防灾减灾方面，重点在极端自然灾害方面加强风险防控和隐患治理。

三 民航领域

1. 风险管理机制有效建立

推进体系建设，提升风险防控能力。 在《民用航空安全管理规定》框架下，推进运输机场和危险品运输安全管理体系建设。坚持"关口前移、源头管控、预防为主、综合治理"的方针，把好运输航空公司设立关、运力引进关、人员疲劳关、容量评估关，推动风险防控关口前移。健全行业安全绩效指标体系，完善数据监测和预警机制，提升风险识别能力。坚持从源头上防范化解可控飞行撞地、跑道安全、飞行失控、空中相撞、发动机空停、危险品运输等核心风险，对"灰犀牛""黑天鹅"事件蕴含的安全风险保持足够警觉和有力管控。在防范化解传统风险的基础上，加强对设计制造缺陷、经营债务压力等新型风险的有力管控。

强化航空公司运行风险管控。 制定《航空承运人运行控制风险管控系统实施指南》，从管理政策、建设流程、风险等级划分、审批等方面对运行风险管控系统的建设与实施提出了具体要求。从风险管控的政策、手册、危险源库、运行团队、工具以及相关人员在风险管理理论和实践方面的培训等方面，指导督促航空公司开展运行风险管控体系建设。

完善安全监管工作机制，进一步提升监管效能。 调整行业监管执法方式，梳理法律法规和行业规章，编制监管事项库，厘清行业监管边界，提升监管效能。各级监管部门保持对违规违章的高压态势，认真执行重点问题、重点单位的挂牌督办制度，加大对"无后果违章"的处罚力度，严格责任追究。推进民航安全监管工具箱建设，发布《民航行业信用管理办法》，推行安全管理失信"黑名单"制度，完善民航安全新闻和执法信息发布机制，形成安全管理与经济手段联动、规章管理与信用管理并重、行业管理与社会监督兼备的安全监管新格局，帮助运行单位管控风险，为行业防范和化解安全风险打牢基础。

充分利用信息化技术改进现有风险控制手段。 依托中国民用航空安全信息系统和中国民航飞行品质监控基站，及时发布安全风险警示预警信息。整合行政机关和生产经营单位的安全绩效监管数据，形成以数据为驱动、以风险管理为核心的安全管理机制，实现对全行业安全运行情况的监控和预警。

进一步加强规章标准体系建设。 扎实推进民航规章标准的"立、改、废"工作，严格规章标准的执行。建立科学合理、简明有效、分类分级的指标体系，使之成为航空公司安全保障的重要依据，为航空公司强化自我管理提供动力。

2. 隐患排查治理取得新进展

深入开展专项治理工作。 结合行业特点，组织开展飞行安全、瞒报危险品和通航安全等专项整治。加大机场安保隐患排查治理力度，持续开展机坪运行秩序、机场净空环境、消防救援保障、维护维修质量、客舱安全管理等专项治理。

及时开展行业安全隐患大检查。 针对行业安全态势，民航局部署行业安全大检查，对重点单位开展现场督查，各地区管理局派组进驻重点单位进行安全督导，严肃查处违法失信行为和严重不安全事件，充分发挥"安全监管工具箱"的效用，加大责任追究力度，严肃惩戒、顶格处罚，使安全生产的底线和红线真正成为带电的"高压线"，确保安全责任全面落实到位。

建立隐患治理长效机制。 出台《民航安全隐患排查治理长效机制建设指南》，指导企事业单位规范安全管理体系建设，将安全隐患排查治理与安全管理体系建设相融合，将风险防控融入日常管理、日常运行。坚持以"安全隐患零容忍"和"眼里不容沙子"的态度，落实隐患排查治理长效机制相关要求，进一步实现隐患治理规范化。加强安全隐患分级治理，建立隐患清单、挂牌督办和公告制度，提高隐患排查质量，实现隐患治理全过程监控。探索开展企事业单位安全信息报告文化的评估，改进安全信息管理工作，减少不利于员工主动报告隐患问题的制度性影响因素。

四 邮政领域

1. 风险管理机制有效建立

坚持防控风险，扎实构筑预防控制体系。 加强安全生产风险防控是转变安全生产管理方式、提高安全生产管理水平的重要途径，是有效防范和遏制安全生产重特大事故的重要举措。加快完善安全生产风险防控法规、标准和规范，健全工作制度和运行机制，切实加强安全风险的辨识、评估和管控，并在实践中大胆创新、积极探索，真正做到安全风险底数清、措施实、防得严、控得住。

深化改革发展，压实安全责任。 出台《国家邮政局关于推进邮政业安全生产领域改革发展的指导意见》，从健全落实安全生产责任制、推进依法治理、完善体制机制、建立安全预防控制体系、强化基础建设 5 大方面提出 20 项措施要求。落实"管行业必须管安全、管业务必须管安全、管生产经营必须管安全"和"党政同责、一岗双责、齐抓共管、失职追责"要求，强化安全工作绩效考核。大力推进企业安全生产标准化建设，出台《国家邮政局关于强化落实企业安全生产主体责任的指导意见》和《邮政企业、快递企业安全生产主体责任落实规范》，每年对企业总部进行督导检查，督促履行全网安全保障统一管理责任。严格快递业务经营许可安全准入，将维护国家安全作为许可管理的一项基本原则。全面启动信用体系建设，将安全生产纳入行业信用体系，推进形成"一处受罚、处处受限"联动效应。

突出行业特点，严格"三项制度"。国家邮政局坚持把邮件快件寄递安全作为风险防范重点，结合寄递作业特点，全面推动落实收寄验视、实名收寄和过机安检"三项制度"，着力强化危险违禁物品寄递安全管控。联合公安部、国家安全部发布《禁止寄递物品管理规定》，督促企业增强源头防范意识，严格执行收寄验视制度。大力推进邮件快件实名收寄，部署开展专项整治活动，督促企业将实名收寄嵌入前端操作流程，确保制度有效落实。制定《邮政业安全生产设备配置规范》《邮件快件微剂量 X 射线安全检查设备配置管理办法（试行）》，督促企业加强安检设备日常应用管理，编发安检操作规程，推进安检机联网试点，强化安检实效。指导各地收集典型案件，以"责任倒查"为抓手，依法查处"三项制度"不落实行为，倒逼企业自觉执行"三项制度"。

提升能力保障。发挥信息技术支撑作用，实施寄递渠道安全监管"绿盾"工程，大力推进智慧邮政建设，努力实现邮件快件寄递"动态可跟踪、隐患可发现、事件可预警、风险可管控、责任可追溯"。贯彻预防为主方针，针对业务旺季、岁末年初以及洪涝、台风、地震自然灾害等特点，及时进行专门部署，深入开展隐患排查治理和矛盾纠纷化解，强化监测预警，确保人员、场地、车辆和邮件快件安全。

2. 隐患排查治理取得新进展

坚决贯彻落实党中央国务院重要决策。党中央、国务院先后作出一系列重要决策部署，中央领导同志多次作出重要指示批示，为防范化解寄递安全风险指明了方向。各级邮政管理部门建立寄递渠道安全管理领导机制，坚持以寄递安全综治考评为主要抓手，严格督导检查、考核监督，强化执法监管和责任倒查，推动形成政企联动、条块结合、属地落实的寄递安全防控体系，全行业上下对寄递安全日益严峻形势认识更加统一，安全发展理念逐步深入人心，隐患排查意识进一步确立。

积极开展隐患排查治理工作。 牵头建立九部门寄递安全联合监管机制，推动纳入社会治安综治考评体系，开创齐抓共管、综合治理工作格局。着眼全局谋划推进"绿盾"工程，全面增强安全科技支撑后劲。积极推动《快递暂行条例》《邮件快件实名收寄管理办法》《邮政业安全监督管理办法》等法规制（修）订，安全法制保障更趋完善。集中开展涉枪涉爆专项整治、涉恐隐患排查治理、易制爆危险化学品和寄递安全清理整治等专项行动，全面实施"双随机、一公开"监管。建立健全应急预案体系，强化安全应急管理，妥善应对处置了菜鸟与顺丰数据之争、上海快捷快递网络服务阻断等影响较大的突发事件，有效应对地震、洪汛和台风等自然灾害，确保人民群众生命和财产安全。

第八章　支撑保障能力显著提升

习近平总书记多次提出强化安全生产基础能力建设，"重特大突发事件，不论是自然灾害还是责任事故，其中都不同程度存在主体责任不落实、隐患排查治理不彻底、法规标准不健全、安全监管执法不严格、监管体制机制不完善、安全基础薄弱、应急救援能力不强等问题"❶。改革创新是转变安全生产方式、实现安全发展的根本动力，运用迅速发展的科学技术提升行业本质安全水平是推动行业安全发展的重要手段。

党的十八大以来，交通运输行业提升科技对安全发展的支撑保障能力，在积极推进科技创新、基础设施安全水平、运输装备安全性能、安全生产人才队伍、国际交流合作等方面取得了卓越的成就。

铁路领域

积极推动铁路科技保安全。组织召开铁路科技创新工作会议，总结交流铁路领域科技创新成果经验，着力搭建交流展示平台，推动铁路科技创新再上新台阶。完善铁路安全科技成果转化激励制度，健全安全科技成果评估机制，建立市场主导的安全技术转移体系，建设铁路安全生产科技成果转化推广平台和孵化创新基地，积极探索应用北斗卫星定位等高新科技保障铁路运输生产安全的成果转化推广模式。推动铁路安全生产信息化建设，制定实施信息化总体规划，推进重点业务应用系统优化整合。制定实施铁路物联网总体方案和安全生产大数据等信息技术应用方案，推动云计算、大数据、物联网、移动互联网、智能控制等技术与铁路运输安全深度融合，统一安全生产信息化标准规范，建设铁路企业安全管理信息平台，完善安全生产信息基础设施和网络系统，实现跨部门、跨地区数据资源共享共用，提高铁路安全生产决策科学化水平。围绕铁路行车固定设备监控技术、列控安全监控技术、移动设备监控技术等，加强铁路安全基础理论和安全管

---

❶ 引用自《人民日报海外版》（2016年1月7日第4版）。

理科学研究。对重大事故风险防控、防破坏和预警、安全生产监管监察、企业安全生产管理模式和决策运行系统等重点领域开展科学研究和科技攻关，在重大事故致灾机理和安全预测预防方面取得突破。研究高速铁路安全运营规律、高速铁路安全防护技术，研究在无砟轨道、高大桥梁、长大隧道情况下的动车组起复救援技术和装备。每年都涌现出一批科技创新成果，在铁路运营中发挥着安全保障作用。

提升运输装备安全性能。建立保证安全投入的长效机制，持续加大安全投入。一是筑牢铁路安全基础。加强铁路行车固定设备检修，采用推广先进的检修新技术、新方法、新材料、新机具，加快大型养路机械配置，实现线路检修装备现代化，打造优良可靠的行车基础设备质量。加强防护栅栏（时速120公里以上地段全封闭）、上跨和公铁并行地段等防护设施建设，打造过硬的安全防护屏障。加强风雪雨等灾害监控设施、周界入侵等设施建设，提升科技保安全水平。加大道口"平改立"力度，减少路外伤亡安全隐患。加大防洪隐患治理，提升抗洪防灾能力。二是提升运输装备安全性能。在政策上鼓励采用安全生产适用技术和新设备、新产品、新工艺，优先安排安全技术措施项目，加快铁路运输技术设备的升级改造。大力推广应用技术先进适用、绿色智能、安全可靠的新型运输装备，淘汰技术落后和老旧型机车、车辆等运输装备。加强机车、车辆等运输装备检修能力建设，提升检修现代化水平。

安全生产人才队伍建设。铁路领域制定主要岗位准入标准，健全社会招聘、定向培养等人才引进渠道和机制，积极吸纳新员工并提供充分的实践机会，注重优秀高技能人才的选拔、培养和使用，建设知识型、技术型、创新型的铁路职工队伍。完善职工培训过程管理、人才发现评价、流动配置、考核激励、质量考评和内部分配挂钩等工作机制，做到分配向行车主要岗位、高技能人才、对安全生产做出突出贡献的人员倾斜。建立贯穿管理和专业技术人员职业生涯的定期培训制度，健全安全培训专业师资库，完善培训教材和考核标准，持续开展铁路安全生产专题培训。推动铁路领域实训基地建设，完善实训设施，推进培训仿真模拟平台建设，开展实物化、实景式、实作性培训，推广网络、视频培训方式。广泛开展职业技能竞赛和群众性技术比试活动，提升专业技术人员生产一线操作技能。加强铁路安全监管队伍建设，加强行政执法、监督检查、事故调查等工作能力培训。在铁路改革发展实践中，中国铁路彰显的"人民铁路为人民"的宗旨意识、国家利益至上的责任担当、兢兢业业的工作作风、自强不息的拼搏精神、无私奉献的优秀品质，成为传承铁路文化传统的精神纽带，激发出广大干部职工投身铁路现代化建设伟大事业的澎湃热情。涌现出了包括襄渝铁路巴山工务车间克服困难，把"担心线"变成"安全线"，确保40年安全无事故，形成了"艰苦奋斗、无私奉献、务实创新"的"巴山精神"在内的等许许多多的先进单位集体和先进人物。

拓展国际交流合作。党的十八大以来，我国铁路积极"走出去"，主动担当作为，服务国家政治经济外交大局。在亚、非、欧和拉美地区，大批铁路建设项目建成通车或正在持续推进中。铁路机车、车辆等装备规模化整装出口海外，中国铁路装备出口遍布了全球六大洲，覆盖83%拥有铁路的国家。加强与铁路合作组织、国际铁路联盟、国际铁路运输政府间组织、国际标准化组织、国际电工委员会、国际电信联盟和大湄公河区域铁路联盟等国际组织的合作，深入参与国际铁路联运规则、国际标准的制修订，推动我国铁路技术标准"走出去"，不断提升我国铁路国际话语权。推进欧亚国际铁路联运，中欧班列从零起步，截至2018年底，已通达欧洲15个国家49个城市、亚洲11个国家44个城市，成为"一带一路"建设的重要成果和构建陆海内外联动、东西双向互济全面开放新格局的重要力量。

二 公路水路领域

提升科技对安全发展的支撑保障能力。十八大以来公路水路领域开展了大量的科研工作，组织召开科技创新工作会议，完善科技创新工作平台，开展了以智能化安全管理为重点的智慧港口试点建设，促进安全科技成果转化激励制度等，完成了一系列科技创新工作。公路建设方面，出台了《国家公路网规划（2013—2030年）》，提出到2030年构建布局合理、功能完善、覆盖广泛、安全可靠的国家公路网络；国省干线建设、改造步伐加快，西部地区农村公路通畅工程、东中部地区县乡公路改造连通工程建设稳步推进，西藏墨脱公路建成通车；公路养护管理、路网结构改造、桥梁安全运行管理进一步加强。应用车辆主动防控技术，研发并应用"道路运输车辆主动安全智能防控系统"，已经在"两客一危"车辆安装应用。集成人脸识别、高级辅助驾驶、智能视频监控、卫星定位等技术，对驾驶员不安全驾驶行为和车辆不安全状态进行实时干预，提升道路运输事故防范能力。海事系统开展了建设"智慧海事"行动，实现了航道电子巡航、电子围栏划定、违章船舶电子取证、重点船舶追踪、辖区通航动态监测、交通诱导实时信息发布等功能，提升水上交通事故防范能力。在综合交通的大框架下，全国已有超过617万辆道路营运车辆、3.5万辆邮政和快递运输车辆、36个中心城市约8万辆公交车、370艘交通运输公务船舶安装使用或兼容北斗系统，国产民航运输飞机首次搭载北斗系统。依托全国重点营运车辆联网联控系统，覆盖全国"两客一危"车辆70万辆；依托全国道路货运车辆公共监管与服务平台，覆盖全国12吨以上重型货车700余万辆，大大提升了行业安全监管能力，有效减少了疲劳驾驶、超速行驶等违法违规行为，降低了事故隐患。组织为全国"两客一危"车辆安装驾驶员视频监控装置，进一步强化了对驾驶员不安全驾驶行为的监管，有力消除了事故隐患。交通运输部还针对长江航运等重点领域，研究出台了具体措施，分阶段稳步推动北斗系统在交通运输行业实现全覆盖。

海上搜救方面，交通运输部建设了海事卫星系统（INMARSAT）地面站、海上安全信息播发系统（NAVTEX）、数字选择性呼叫系统（DSC）和搜救卫星系统（COSPAS-SARSAT）任务控制中心（CNMCC）等海上遇险与安全信息系统，联合开展了"基于北斗的海上搜救应用示范项目"建设和"北斗卫星搭载国际卫星系统载荷"论证工作，大力推进北斗系统在海上安全与搜救领域的应用，形成了我国海上遇险与安全信息接收与播发网络，有效保障了我国管辖水域及中国籍船舶在我国管辖海域以外的航行安全。

稳步提升基础设施的安全水平。公路水路领域持续加大行业内基础设施的安全投入，包括高等级公路的建设，促进道路交通安全发展。提高了我国公路网的整体技术水平，优化了交通运输结构，对缓解交通运输的"瓶颈"制约发挥了重要作用，对交通安全的提升起到了不可忽视的作用。2004年12月，国务院常务会议审议通过《国家高速公路网规划》，总规模约8.5万公里，由7条首都放射线、9条南北纵线和18条东西横线组成，简称"7918线网"。2018年底，全国公路总里程484.65万公里，其中高速公路里程14.26万公里，位居世界第一。

加大危桥改造力度，截至2019年，累计改造危桥5.2万座，全国公路危桥高发的态势得到有效遏制。加大实施公路安全生命防护工程（公路安全保障工程），累计实施116万公里，使普通公路逐步步入"安全高效"的轨道，普通公路交通事故起数、死亡人数和特大道路交通事故起数、死亡人数连续下降，较实施前分别下降了67.06%、55.04%和82.61%、81.4%。积极推进长江航道干线安全设施保障工程建设，免费推广应用电子航道图，极大改善干线航道通过能力和通航条件。

印发实施《内河航道与港口布局规划》，大力推进干线航道治理，提高长江、西江、京杭运河航道通过能力，积极实施支线航道整治，持续提高岷江、嘉陵江、乌江、湘江、沅水、汉江、赣江、信江、合裕线、右江、北盘江—红水河、柳江—黔江、淮河、松花江、闽江等重要河流（航线）航道等级，提高航道联通成网水平，打造长江三角洲、珠江三角洲高等级航道网。贯彻落实长江经济带发展、长三角区域一体化发展、粤港澳大湾区发展等国家重大战略，实施了长江口深水航道治理和长江南京以下12.5米深水航道的整治建设。三峡工程改善了川江航道条件，启动建设引江济淮航运工程。截至2018年底，全国内河航道通航里程12.7万公里，其中高等级航道1.35万公里，位居世界第一。

推动"四好农村路"高质量发展。认真贯彻落实习近平总书记关于"四好农村路"重要指示精神、满足新时代人民群众对美好生活需要的重要举措，交通运输部推进了"四好农村路"建设，支撑服务脱贫攻坚、乡村振兴和建设现代化经济体系。五年来，农村公路发展取得了历史性成就。截至2018年底，全国农村公路总里程达到404万公里，占全国公路总里程的83.4%，其中等级公路比例达到91.3%，硬化路率达到81.3%，具备条件的乡镇和建制村通硬化路率分别达到99.64%和99.47%。

提升运输装备安全性能。持续推进车型标准化、内河船型标准化，加快老旧车船更新改造工作，提升运输装备安全性能和本质安全水平。制定《营运客车安全达标车型技术审查工作细则（试行）》《营运客车安全达标车型同一型式判定标准（试行）》，发布了3批（共2398个）营运客车安全达标过渡期车型，1批（共58个）营运客车安全达标车型。制定发布了《道路客运车辆安全技术条件》《道路货运车辆安全技术条件》，严把道路运输车辆安全源头关，大大提高道路客货运输车辆本质安全。拨付专项资金，实施内河船舶标准化和农村老旧渡船更新奖励，实施老旧船舶改造和单壳油轮提前报废更新政策，拆解改造安全环保性能差的内河船舶3.2万余艘，更新农村渡船近3000艘，拆解老旧海运船舶500多艘，有力提升了船舶安全技术水平。提高道路运输装备标准化、专业化水平，客运车辆等级结构明显优化。

推动安全生产人才队伍建设。公路水路领域大力实施从业人员安全素质提升工程。组织开展"安全生产月"、安全生产法宣传周、安全消防宣传周、水上交通安全知识进校园、"典型事故案例进航运公司进船员培训机构"等活动。建立典型事故分析案例库，每年制作《年度安全生产教育警示片》，编写出版《公路水路行业安全举案说法》和典型道路运输安全事故案例评析教材。组织建立完善危险货物水路运输从业人员管理制度，实现装卸管理人员 100% 持证上岗。

积极推进综合执法改革，完善交通安全执法队伍建设。通过改革，解决交通运输行政执法领域机构重叠、职责交叉、多头多层重复执法等深层次问题，建立形成权责统一、权威高效、保障有力、服务优质的交通运输行政执法体制和运行机制，建设一支政治坚定、素质过硬、纪律严明、作风优良、廉洁高效的交通运输综合行政执法队伍，为全面开启交通强国建设新征程提供有力的体制机制保障。

拓展国际交流合作。 交通运输部与联合国机构、有关国家、区域组织等建立了良好的合作关系，向有关国家提供了力所能及的紧急人道主义援助，并实施了防灾监测、灾后重建、防灾减灾能力建设等援助项目，务实合作不断加深，有效服务了外交战略大局，充分彰显了我国负责任的大国形象。一是在中美交通论坛下设立安全与灾难救援协调工作组，与美方在安全领域的交流合作得到进一步加强；二是持续提升中韩客货班轮运输安全水平，通过中韩海运会谈，协调推动韩方加强中韩客货运输准入船龄限制，淘汰老旧运营船舶；三是在外交部协助下签署《中华人民共和国和日本政府海上搜寻救助合作协定》和《中日海上搜救合作指南》；四是持续推进中国—东盟国家海上紧急救助热线项目，在中柬海上救助热线的基础上开通运行中国—老挝海上救助热线；五是筹备召开了东亚峰会海上搜救经验交流研讨会；六是组织开展中老缅泰澜沧江—湄公河流域应急搜救资源排查，举办首届澜沧江—湄公河流域国家海事与搜救业务培训，共同推动维护澜沧江—湄公河水域的航运安全。

三 民航领域

1. 提升科技对安全发展的支撑保障能力

科技体系与管理机制改革取得重大进展。 初步建成以政府为主导、企业为主体、市场为导向，产学研相结合的多层次开放民航科技创新格局。形成了由国家科技计划、国家自然科学基金计划、民航科技创新引导计划和企业科技计划组成的民航科技计划体系。

民航科技创新能力迅速提升。 民航重大科技项目创新性研究和集中攻关取得集群突破，取得一批科技成果，发挥了科技的支撑作用。基于性能导航（PBN）飞行程序设计系统取得重要技术突破；完成广播式自动相关监视系统（ADS-B）地面站建设，基本覆盖运输机场；国内60%的机场具备了区域导航/所需导航性能(RNAV/RNP)程序；平视显示系统（HUD）运用进入快车道；自主创新的机场特性材料拦阻系统(EMAS)打破国外技术与产品垄断。

民航信息化建设取得长足进展。建立民航安全大数据中心，建设中国民航飞行品质监控基站，开展飞机信息实时宽带监视技术研究，探索ATG和卫星通信协同下载技术，一系列民航网络与信息安全系统建设，为重要生产运行系统提供了有力保障。

2. 逐步增强适航审定能力

适航审定体系建设日趋完善。形成了以适航审定司舆情管理局、监管局为主体的适航审定行政监督体系，以适航审定中心及航油航化审定中心为主体的适航审定技术执行体系，以中国民航大学、中国民航管理干部学院、中国民航科学技术研究院、中国民航局第二研究所为主体的适航审定研究培训体系。适航工作发展到具备覆盖航空产品全生命周期的安全监管能力，国产飞机发动机、零部件适航审定已经成为常态。

适航审定人员的机构建设继续推进。2017年4月，西安审定中心正式成立，加强了运输类涡桨支线飞机适航审定专业能力，满足中航工业新舟系列型号的审定要求。2017年10月，中国民航适航审定完成了重组，实现了对上海、沈阳、西安的垂直统筹管理，中央编办也批准成立了江西省适航审定中心，探索出了使用地方事业编制，支持中央行政事务管理的全新模式。

国产型号审定工作取得显著成果。一是全力开展C919大型客机型号审定工作，保证C919成功首飞和转场飞行。二是继续推进了新舟系列飞机型号合规审定工作。稳步实施审定计划安排，三是积极开展了AG600飞机型号审定工作，有力保障了AG600的成功首飞。四是顺利颁发了ARJ21 700生产许可证，成功保障搭载了北斗系统的系统试飞。五是高度关注了新舟600等国产航空运行的安全，督促优化设计，参与技术改进。

3. 稳步提升基础设施的安全水平

加大投资总量，优化补贴政策。协调国家有关部门，扩大民航安全生产专用设备企业所得税优惠目录，鼓励航空公司、机场、空管等单位加大投入，配备与发展增量相符的各类设施设备，满足安全运行需求；同时优化补贴政策，向安全保障能力薄弱、确需扶持的单位和环节倾斜，综合保障能力显著提高。

基础设施科技含量逐步提高。进一步加强飞行校验能力和效率，加快引进校验飞机和京外基地建设；加强导航设施设备验证工作，完成1153台套设备的校验；推动繁忙机场的Ⅱ类建设，加速推进首都和浦东机场Ⅲ类建设和运行保障。

4. 安全生产人才队伍建设

严把安全从业人员准入关。从源头入手，实施高标准、严要求的岗位资格准入制度。牢固树立"底线"思维和"红线"意识，把从业人员的资质作为安全管理的重要抓手，严格岗位准入关口。

加强安全从业人员培训，建立健全从业人员培养机制。广泛开展各类班组长培训和经验交流活动，推动当代民航精神扎根班组，充分发挥优秀班组长的示范作用，一线班组的安全素质不断提升，涌现出了以"中国民航英雄机组"为代表的优秀班组；举办包含管理人员在内的安全类培训；依托基层班组建设，以平时养成为重点，持续提升飞行、机务、空管、运控等专业技术人员的工作作风并加强资质能力建设。

5. 拓展国际交流合作

积极开展国际交流合作。截至2018年底，与我国签署航空运输协定的国家地区达126个。积极推进"一带一路"倡议在全球民航领域落地。与FAA签署双边《适航实施程序》，形成认可产品范围的对等，实现中美适航双边的重大突破，得到党中央、国务院领导的充分肯定。与欧盟签署《中欧民用航空安全协定》，双方将全面认可或接受对方的民用航空产品。大力支持国产飞机出口及海外安全运行。成功举办首届亚太地区民航部长级会议，通过《北京宣言》，首次将人类命运共同体写入国际民航领域文件。承办全球无人机大会、第二届中欧航空安全年会等重要会议及活动。

四 邮政领域

推进科技发展政策支撑保障建设。国家邮政局自2006年重组以来，高度重视邮政领域科技创新工作，积极引导企业加大科技投入，大力推动行业科技进步，对促进行业转型升级提质增效、不断满足广大人民群众安全用邮需求发挥了重要作用。尤其是近年来，随着大数据、云计算、物联网、人工智能、虚拟现实/增强现实等先进技术以及"小黄人"自动分拣、无人机、无人仓、无人车等一批"黑科技"不断推广应用，行业科技创新和应用水平持续提升。一是出台一系列政策。国家邮政局高度重视科技支撑保障工作，先后印发《关于促进邮政行业科技创新工作的指导意见》《邮政业应用技术研发指南》《邮政行业技术研发中心认定管理暂行办法》等文件。国家邮政局召开行业科技创新座谈会，出台《国家邮政局关于促进邮政行业科技创新工作的指导意见》《邮政行业科学技术奖奖励暂行办法》《邮政行业技术研发中心认定管理暂行办法》《邮政业应用技术研发指南》《国家邮政局关于促进环保科技在邮政业推广应用的指导意见》，强化对行业科技创新工作的引导和支持。二是成立专门机构。2008 年，根据国家邮政局"三定"规定和国邮发〔2008〕40号文的要求，国家邮政局党组经过认真研究，将负责行业科技管理的职能纳入政策法规司，并将标准处更名为"科技与标准处"，要求在做好标准化工作的同时，推进行业科技进步。三是成立专家咨询组。继 2010 年成立第一届科技专家咨询组之后，国家邮政局又成立了第二届科技专家咨询组。邮政业安全中心和科技专家咨询组相继组建成立，为推动行业安全科技进步提供重要的支撑保障。

推动构建多层次人才培养体系。国家邮政局始终坚持人才优先发展战略，着力推动构建多层次人才培养体系。全行业深入实施人才强邮战略，以强邮千人计划为抓手，全力实施行业人才素质提升、人才培养提速、合作办学牵手三大工程，加快培养适应行业发展需要的各层各类人才。先后与教育部、江苏省政府、重庆市政府、陕西省政府共建北京邮电大学、南京邮电大学、重庆邮电大学、西安邮电大学现代邮政学院和邮政研究院。并与教育部遴选出 22 个全国职业院校邮政、快递类示范专业点。遴选确定 18 家院校为全国邮政领域人才培养基地。组建国家邮政局邮政业安全中心河北张家口、福建福州、浙江杭州等安检或安全教育培训基地。

科技进步带动运营和服务模式不断创新。全行业拥有智能手持终端 94.3 万台，及时上传数据，为广大消费者全程、即时跟踪查询订单提供便利。电子运单加速推广，重点快递企业使用率已超八成，打印速度比传统纸制运单快 2~5 倍，成本节约 50% 以上。智能快件箱投入运营超 20.6 万组，箱递率提升到 7%，宅递、箱递、平台递多元投递格局初步形成。推进行业节能减排，支持甩挂运输、多式联运和绿色递送，推广使用新能源和清洁能源车辆，全国新能源汽车保有量增至 7158 辆。全国建成上百个智能化分拨中心，自动分拣、装卸、搬运等一批新技术加快应用，无人仓、无人机和无人车研发应用步伐加快，"小黄人"分拣机器人成为社会新热点，推动企业不断改进作业组织方式，实现规模化有序生产。

信息科技助力行业安全管理水平大幅提升。数据成为网络建构、路由规划、末端优化、精准投递的重要支撑。信息化和大数据广泛应用，有效应对了"双十一"等高峰期的超强度作业挑战。邮政业申诉受理、经营许可、安全监管、统计分析、行政执法等系统相继上线，为提高行业安全监管信息化水平提供了坚实保障。2014年扎实推进邮政业安全监管信息系统（三期）建设，实现全国31个省（区、市）和357个地（市）邮政管理部门系统共享。初步搭建起国、省、市三级联动的视频监控体系，有效提高快递企业监管的实时、可视及联动响应能力。启动寄递渠道安全监管"绿盾"工程，配备移动执法监测设备，各级邮政管理部门对安监信息系统的应用大大增强，安全监管信息化建设逐级延伸。2016年"绿盾"工程纳入《邮政业发展"十三五"规划》和《"十三五"综合交通运输体系规划》，计划采用"五横三纵"技术架构，打造行业管理与服务大数据中心，建成邮政业综合管理、内部管理及公共服务三个信息系统平台，提升科学决策水平，达到增强管理效能、优化公共服务质量的目标。2017年，编制"绿盾"工程建设项目（一期）可行性研究报告，获得国家发展改革委正式批复。项目初步设计方案顺利通过专家评审，成功纳入国家重大建设项目库。

拓展国际交流与合作。邮政管理部门紧紧围绕党中央的外交方针政策，以习近平新时代中国特色社会主义外交思想为指导，牢牢把握服务民族复兴、促进人类进步这条主线，在全球邮政领域推动构建人类命运共同体，坚定维护国家主权、安全、发展利益，积极参与引领全球邮政治理体系改革，努力打造更加完善的全球邮政和快递网络，持续推进现代化邮政强国建设。目前，在双边邮政合作、区域邮政合作及与国际组织合作方面均有了较大进展。

第九章　应急救援能力全面加强

应急管理是国家治理体系和治理能力的重要组成部分，我国政府高度重视应急管理工作。习近平总书记在主持中央政治局第十九次集体学习时强调，应急管理是国家治理体系和治理能力的重要组成部分，承担防范化解重大安全风险、及时应对处置各类灾害事故的重要职责，担负保护人民群众生命财产安全和维护社会稳定的重要使命。要发挥我国应急管理体系的特色和优势，借鉴国外应急管理有益做法，积极推进我国应急管理体系和能力现代化。

交通运输行业应急管理工作稳步推进，应急救援能力全面加强，实现了"从无到有、从有到行"，特别是党的十八大以后交通应急管理水平与应急能力得到了全面提升，交通运输应急预案体系趋于完善，交通运输应急管理体制机制逐步健全，交通运输行业在维护人民群众生命和财产安全、防范环境污染和自然灾害、重大灾害抢通保通和应急运输、保障重要活动以及为其他行业提供应急保障等方面发挥了重要作用。

一　铁路领域

完善铁路应急救援预案。建立健全铁路企业及地方政府的总体应急预案和重点岗位、重点专业、重点场所的现场应急处置方案，完善各类非正常情况下应急处置办法和程序，落实应急预案管理及响应责任，加强政企预案衔接与联动。建立应急准备能力评估和专家技术咨询制度，对预案进行定期评估和修订完善。

提高救援装备技术水平。配置应急指挥车辆，配齐应急救援装备，完善应急救援平台建设。改造救援起重机具，研发和推广现场救援远程指挥系统，优化救援列车布局。研发应急救援快速处理专业化工装，加快推进应急设施建设，满足铁路应急救援需要。

健全铁路应急救援管理体制。推进铁路应急救援管理体制改革，强化地方政府的行政管理职能与法定主体职责，提高组织协调能力和现场救援时效。推进铁路应急救援联动指挥平台建设，完善现场救援统一指挥机制，规范救援管理程序，强化各级救援机构与事故现场的远程通信指挥保障。建立企业与政府相关部门的应急安全信息通报、应急救援资源共享及联合处置机制，把铁路应急救援体系纳入地方政府应急救援体系中，依托公安消防、医疗卫生等部门的专业力量及其他社会救援力量，合理调配社会应急资源，充分利用先进应急救援技术和设备器材，提高铁路应急救援处置效能。

加强铁路应急救援队伍建设。 推动铁路企业专职、兼职应急救援队伍建设，制定基层应急救援人员能力要求规范，强化应急救援实训演练，提高应急管理和救援指挥专业人员素养，重点推进高速铁路应急救援人员快速搜救、仿真模拟、实训演练、通信指挥及决策、事故紧急医疗救援、应急物资装备运输及使用等专业救援技能培训工作。开展铁路重特大交通事故情景构建工作，提升事故先期处置和自救互救能力。

推进国家铁路应急救援基地建设。 针对全国铁路路网结构，合理布局救援基地，配备救援列车、抢修作业车和热备动车组，并不断完善车站内和长大桥隧应急疏散通道的布设，确保其保持畅通。

提高高速铁路应急救援能力。 健全高速铁路应急救援网络，完善高速铁路应急救援预案和办法，配齐应急救援装备。研究开发在无砟轨道、高大桥梁、长大隧道情况下的动车组救援起复技术和装备，细化紧急情况下旅客疏散办法，定期开展高速铁路应急救援实操演练。以防洪、危险品运输和客流集中高峰时段等为安全重点，铁路运输企业适时组织开展脱轨、火灾、危险品泄漏等各类突发性事件应急救援演练，检验和改进应急预案，提高工作人员处理应急事件的能力和安全意识。

二 公路水路领域

公路水路应急预案体系趋于完善。 制修订了《交通运输综合应急预案》《公路交通突发事件应急预案》《水路交通突发事件应急预案》《道路运输突发事件应急预案》《城市公共汽电车突发事件应急预案》《公路水运工程生产安全事故应急预案》和《交通运输部网络安全事件应急预案》7项应急预案。推动国务院发布了《国家城市轨道交通运营突发事件应急预案》《国家重大海上溢油应急处置预案》，进一步规范公路水路突发事件应急处置工作。

建立健全公路水路应急管理体制机制。 在交通运输突发事件应急管理工作公路水路领域的职责主要涉及海上搜救、重大海上溢油应急处置、公路和航道抢通、道路运输和城市公共客运事件处置、公路水运工程生产安全事故处置和应急运输保障等内容，以及国家重要活动、军事行动和救灾抢险交通运输保障任务。

建立了由交通运输部领导牵头的部突发事件应急工作领导小组，强化处置各类公路水路突发事件。成立了交通运输部应急办公室，统筹建立了部内各司局及其他相关单位各司其职的应急管理工作体系，具体协调处置相关领域的突发事件。交通运输突发事件应急管理体制初步建成。

针对海上突发事件，成立了由交通运输部牵头，外交部、工业和信息化部、公安部、民政部、自然资源部等共18个部门和单位参加的国家海上搜救部际联席会议，负责统筹研究全国海上搜救和船舶污染应急反应工作，讨论解决海上搜救工作和船舶污染处理中的重大问题，组织协调重大海上搜救和船舶污染应急反应行动等。成立了由交通运输部牵头，外交部、国家发改委、工业和信息化部、公安部、财政部、中国石油、中远海运等22个部门和单位参加的国家重大海上溢油应急处置部际联席会议，负责在国务院领导下，研究解决国家重大海上溢油应急处置工作中的重大问题，组织、协调、指挥重大海上溢油应急行动。

应急装备设施储备扩充和应急队伍逐步壮大。 公路水路领域基本建成了以专业救助力量为骨干、军队和国家公务力量为协同、社会力量为重要补充的海上搜救队伍。交通运输部救捞系统配备专业救助打捞船舶198艘，专业救助直升机20架；海事系统装备各类舰艇900余艘，交通运输部直属海事系统建成国家船舶污染应急设备库34个。此外，河南、黑龙江、西藏、青海、新疆生产建设兵团已完成区域性公路交通应急装备物资储备中心建设并将其投入使用。

成功举办了多次应急演习。 自2000年以来，交通运输部联合军方、渔政、海关及香港特别行政区等先后在南海、东海、黄海及长江水域举办以"航空器事故搜救和打捞""海上搜救""重大海上溢油应急处置"等为主题的海上演习。通过演习，检验了预案，锻炼了队伍，磨合了机制，有效提升了突发事件应对能力。在北京等9个省（自治区、直辖市）组织开展以地质灾害、地震、冰雪灾害等情况下的公路抢通保通为主题的军地公路交通联合应急演练。

三 民航领域

规范民航应急管理工作，提升应急处置工作效率与工作质量。《应急监管事项库清单》持续完善。根据各地区监管执法模式改革试点情况，对应急监管事项库进行系统梳理，修订完善改革事项清单及执法依据，进一步明确应急管理监察员的监管范围、权限。修订和完善《中国民用航空应急管理规定》配套的应急工作规范性文件。起草《民航应急预案管理办法》，修订《民用运输机场应急救护设施设备配备》（GB 18040—2008）。

完善应急处置指挥和应急预案体系。完善应急处置指挥体系，强化行业内外共同应对的协调联动机制。制定《综合司与运行监控中心双重管理民航局应急管理办公室工作方案》和《民航局应急管理请示汇报制度》，调整民航局突发事件应急工作领导小组成员单位工作职责。成立中国应急管理学会民航专业委员会，进一步推动民航领域应急处置工作的理论与技术进步。与应急管理部就重大灾害期间交通运输保障机制进行了沟通对接。组织开展民航应急预案体系研究，细化应急预案分类，搭建民航突发事件应急处置案例管理系统。

提升应急装备设施建设及信息化水平。目前，238个民航机场都具备处理突发事件的应急预案及相应的设施、设备，符合《民用机场管理条例》第16条和第26条的相关要求。机场管理机构、航空运输企业以及其他驻场单位也配备必要的应急救援设备和器材，并加强日常管理。整合现有信息资源，搭建民航局应急指挥信息平台。正式启用民航运行信息管理系统，提升大面积航班延误应急响应下的协同处置能力。发布《关于启动机场移动视频监控系统的通知》，完成移动视频终端搭建，组织研发航空器追踪监控示范验证平台，引接首都机场、虹桥机场、浦东机场、白云机场等的监控视频，进一步提升应急事件监控处置能力。

强化应急救援队伍建设。发布《应急管理监察员手册》，细化落实工作职责，加强对监察员的资质管理和技能培训，对应急管理监察员培训方案进行优化调整，更新课程大纲，建立监察员培训档案，构建民航应急管理专家库。

开展应急演习演练，提升应急处置能力。组织机场、航空公司、管理局、空管局等业内单位，开展了危险品航空运输泄漏应急处置、离港系统故障、恐怖主义事件防范等多领域的应急演练，达到锻炼队伍、提升实战能力的目的。

做好应急保障工作。圆满完成亚信峰会、青奥会和第 22 届亚太经合组织（APEC）峰会等重大会议和国家重要活动的运输及安全保障任务。积极应对雅安、林芝地震等自然灾害，协调航班运行，部署应急处置工作。联合 8 家学会、协会、联合会、基金会共同发起"幸福中国行·零点行动"，创建大范围、长时间、空地一体化应急救援模式。

四 邮政领域

建立健全应急管理相关制度。为提高行业突发事件应急处置能力，2009 年出台《国家邮政业突发事件应急预案》，邮政业应急体系建设工作稳步推进。2013 年修订《国家邮政业突发事件应急预案》，行业应急处置流程更加科学、规范。2016 年与气象、交通、地震、国土、水利等部门建立信息共享和应急联动机制，及时发布安全预警信息。

做好行业运行监测和应急保障工作。加强日常安全信息报送，定期汇总分析全行业日常安全信息，实现"月度有信息、季度有分析、年度有报告"的安全生产统计工作目标。针对重点企业关键时间点的运行异常、网络阻断等情况，依托六大系统和舆情监测平台，开展行业运行专业化监测预警工作，提高突发事件应急处置能力。

建立信息共享和应急联动机制。邮政领域应急预案体系建设不断完善，应急管理能力不断提高，高效化解企业间纷争，稳妥处理伪造寄递服务信息协助售假案件，妥善处置违规收寄非法出版物、网络阻断等突发事件，通过路由调整、物资调配、安全防护、应急值守、邮件快件疏运、应急支援等方式，有效应对持续强降雨、地震、台风等自然灾害事件。

开展应急管理规范化研究。加强重大活动应急保障、恐怖主义事件防范、危化品泄漏、信息数据安全事件、寄递服务网络运营阻断等 5 项专项应急工作研究。深入调研邮政领域应急演练工作开展情况，研究提出加强和改进应急演练工作的意见。组织专家、学者开展邮政领域突发事件应急预案研讨工作，针对突出问题进行实地调研，提高行业突发事件应急预案的科学性、实用性。

完成系列重大活动寄递安保任务。为确保重大活动期间寄递渠道万无一失、绝对安全，国家邮政局坚持把重大活动寄递安保任务作为联合监管重要内容，与公安部、国家安全部在重大活动期间多次联合发布寄递物品安全管理通告，密切部际协作，开展联合督导检查，合力攻坚推动落实"三项制度"（收寄验视、过机安检、实名收寄）和"低慢小"无人航空器、"炸弹闹钟"等寄递物品临时管控措施。聚焦重大活动举办地实行落地二次安检和核心区邮件快件集中三次安检，有效将违禁物品堵截在寄递渠道之外。圆满完成全国运动会、"一带一路"国际合作高峰论坛、金砖国家领导人会晤、党的十九大、中国共产党与世界政党高层对话会等重大活动寄递安保工作，实现"四个严防、三个确保"，即严防敌对势力和极端分子利用寄递渠道从事危害国家安全、公共安全、人民生命财产安全等违法活动，严防不法分子通过寄递渠道实施危及峰会活动安全的犯罪行为，严防违规收寄各类禁寄物品导致重大寄递安全事件，严防行业内部发生重大群体性事件和安全生产责任事故；确保机要通信万无一失，确保寄递渠道安全畅通，确保邮政领域平稳运行。重大活动保障经验不断积累，安全监管队伍得到有效锻炼。

第十章 综合运输体系安全保障初步形成

综合交通运输进入新的发展阶段，各种运输方式都要融合发展，提高效率、提升质量。推进现代综合交通运输体系建设，是交通运输行业全面深化改革的重中之重。

一 综合交通运输体系的构建取得初步成效

2012年国务院制定的《"十二五"综合交通运输体系规划》明确提出"十二五"是构建综合交通运输体系的关键时期，在其指导下，综合交通运输体系建设取得初步成效。一是综合交通运输基础设施网络基本形成，各种运输方式的服务能力和服务水平明显提高，融合发展具有较好的物质基础。二是随着人民生活水平的提高和经济平稳健康发展，人民群众对出行中的"零换乘"、货物运输中的"门到门"服务以及物流"降本增效"的要求越来越高，融合发展具有广泛的社会基础。三是大数据、云计算等新一代信息技术的普及应用，解决了不同运输方式之间的信息不对称问题，融合发展具备良好的技术基础。四是综合交通运输改革不断深化，国家层面综合管理体制已基本建立，地方层面也已逐步建立了综合管理运行协调机制，融合发展具备一定的体制机制基础。

同时，交通运输系统全面深化改革，围绕大力推进综合运输发展这条主线，从深化综合交通运输"大部制"改革、推动基础设施建设网络化和运输服务一体化、发挥交通运输支撑国家战略的作用、推进绿色低碳发展、推动交通"走出去"等方面，提升运输效率和服务水平，推动形成安全、便捷、高效、绿色、经济的现代交通运输体系，全面开创交通运输新的发展局面。

目前，《"十三五"现代综合交通运输体系发展规划》已经颁布实施，并明确到2020年基本建成安全、便捷、高效、绿色的现代综合交通运输体系，部分地区和领域要率先基本实现交通运输的现代化。

安全、便捷、高效、绿色是综合交通运输体系建设的主要方向。安全是综合交通运输发展的本质要求和基本前提，是交通强国建设的重要支撑和保障，经多年建设，综合交通运输体系不断完善，安全保障能力初步形成。

二 "大部制"改革推动综合运输体系安全保障的发展

根据《国务院机构改革和职能转变方案》，交通运输部完成"大部制"改革。在铁道部实行政企分开后，新的交通运输部将负责管理国家铁路局、民航局和国家邮政局。大部制改革在推动综合运输体系建设的方面具有重要意义，新的交通运输部从顶层规划、决策及全局的角度出发，合理地安排、规划整个中国交通运输业的发展，全面规划各种运输方式的规模布局，统筹各种运输方式协调发展。

随着"大部制"改革与综合运输体系的不断完善，交通运输安全生产工作也发生重大变化，向着综合监管与专业监管相互协调的模式推进。各种运输方式危险货物运输安全监管的综合调研、中央铁路护路联防等工作，体现出综合运输体系安全保障机制的逐步完善。

三 基础设施建设网络化促进综合交通运输安全保障的发展

根据《全国国土规划纲要（2016—2030年）》，加快建设国际国内综合运输大通道，加强综合交通基础设施网络建设，构建由铁路、公路、水路、民航和管道共同组成的配套衔接、内通外联、覆盖广泛、绿色智能、安全高效的综合交通运输体系。

建设完成上海虹桥综合交通枢纽，形成了集民用航空、高速铁路、城际铁路、高速公路、磁悬浮铁路、城市轨道交通、地面公交、出租汽车等各种交通方式于一体的世界级现代化交通枢纽。在持续极端天气等灾害发生时，通过城市轨道交通、高速铁路、地面交通等保障受灾人员的及时疏散，确保各类灾难的及时处置。

节假日、重大活动综合交通运输安全保障能力进一步提升

近年来，在交通运输部及其他部委的全力推动下，国家重大活动、极端天气、节假日等特殊时段的综合运输安全保障能力进一步提升，铁路、公路、水路、民航、邮政等各个领域通力合作，在特殊时段的保畅保通保安全工作等方面积累了一定的经验。

完成了包括春运、"两会"、五一、国庆、中秋、"双十一"等快递业务旺季在内的重点时段安全监管和重大活动的保障。尤其是2017年以来由交通运输部牵头，民航、铁路、邮政等多部门开展联合春运安全检查，共同提高交通运输行业春运安全水平。强化汛期、冬季、岁末年初、恶劣天气等时期安全和应急工作，成功防御"纳沙""天鸽""泰利"等台风，妥善处置四川茂县特别重大山体滑坡灾害、四川九寨沟县7.0级地震、秦岭一号隧道口客车撞壁、桑吉轮事故、马来西亚航空公司航班失联事件等险情事故。

五　加快推进旅客联程运输安全发展

为充分发挥各种运输方式的比较优势和组合效率，提升运输服务供给能力和质量，改善旅客出行体验，更好地满足旅客高品质、多样化、个性化出行需求，切实增强人民群众获得感、幸福感和安全感，2017年交通运输部、国家发改委等7个部委联合印发了《关于加快推进旅客联程运输发展的指导意见》。其中要求完善旅客联运服务设施，加强不同运输方式公共设施设备共建共享，提升旅客联运服务品质，鼓励不同运输方式加强协同合作等，引领带动旅客联程运输服务创新发展，使道路客运与铁路、水路、民航的衔接更加紧密。

六　充分发挥各种运输方式安全技术优势

铁路领域，具有铁路网覆盖广、全天候、低能耗、大运量、污染小、安全经济等安全技术优势。铁路在我国综合交通体系中一直处于骨干地位，是连接各大经济区域的大动脉，有力促进区域经济协调发展，在提供综合交通运输体系安全保障中的作用日益凸显。在抗洪抢险、抗击抵御雨雪冰冻灾害、抗震救灾和应对各类突发事件的行动中，铁路在人员和物资运输中发挥了不可替代的作用。坚决贯彻党中央、国务院关于调整运输结构的部署和要求，落实中央财经委员会第一次会议和全国生态环境保护大会精神，认真研究落实2018—2020年增加铁路货运量的目标和措施，为打赢蓝天保卫战发挥重要作用。

公路水路领域也有独特的技术优势。公路运输具有灵活、方便、及时、快速响应等技术特点，尤其是能实现"门到门"运输服务；适合于短途运输，经营管理方便；由于装卸搬运次数少，对场站的配套设施要求不高；除了利用公路网外，汽车还可以深入乡村，行驶范围广，不受限制，送达速度快；可以提供定制服务，满足用户的不同需求；有很强的适应性，既可以单车运输，也可以拖挂运输；投资少，资金周转快，回收期短。随着汽车工业的发展，新技术不断涌现，汽车的动力性能和安全性能在不断提高，而燃料消耗在逐步降低，同时公路养护技术也在同步发展，使得公路运输的安全性也大大提高。不仅如此，由于几乎没有中转装卸作业，运输途中货物受到的撞击少，安全性高。

水路运输具有运输能力大、单位运输成本低、平均运距长等特点。水路运输利用水的浮力，与其他运输方式相比，摩擦阻力小，在适当的运输速度条件下，水路运输的能源利用率高。水路运输可以实现大批量运输，充分利用可再生的江、河、海的水能，能耗较小，有利于节能减排，同时水运占用的土地资源较少。由于水路运输成本较低，能够以最低的单位运输成本满足最大的货运需求，尤其是在运输大宗货物和散装货物时发挥着重要作用。对于远距离的运输而言，水运具有较高的安全性。水运航路固定，除在内河航行时对周边居民有噪声影响外，几乎不会对其他人员的生命和健康造成威胁。在紧急状态下，水运还能为国家安全服务，通过遍布全球的船舶和网络，可以输送物资和人员，保障国家安全。

民航领域，航行新技术应用稳步推进。拉萨、大连机场公共 RNP AR（Required Navigation Performance Authorized Required，要求授权的所需导航性能）试飞通过验证；HUD（Head Up Display，平视显示器）特殊Ⅱ类及低能见起飞应用持续推进，首都机场跑道视程 90 米试飞，首都机场、浦东机场Ⅲ A 类试飞验证如期完成。基于性能的通信监视技术应用步伐加快，相关地面设施及机载设备能力日趋完善，便携式电子飞行包得到广泛应用。机场安保领域技术支撑不断加强。人脸识别及毫米波人体成像设备投入使用，机场全景补盲监视系统开始推广。《机场新技术名录指南》正式发布，为新技术应用创造了政策条件；新疆维吾尔自治区远程塔台技术应用试点工作顺利开展。

邮政领域，2011 年国家邮政局与国家安全生产监督管理总局建立工作联系，协助民航局共同开展航空货物运输安保专项整治工作。与国家反恐办就行业反恐标准的制定、寄递渠道反恐培训、重大活动邮路恐怖主义活动防范等工作展开合作。2014 年与中央综治办等 9 个部门联合印发《关于加强邮件、快件寄递安全管理工作的若干意见》，成立寄递渠道安全管理领导小组，合力推进寄递渠道安全监管综合治理和属地化管理，正式建立部际安全监管机制,初步形成以部门协作、齐抓共管为特点的寄递安全管理新机制。国家邮政局与公安部、国家安全部实现寄递安全监管信息"总对总"共享,全面建立信息共享、联合执法、证据互认、齐抓共管、重点会商工作格局,寄递安全管理智能化、信息化、规范化水平明显提升。实施寄递渠道安全监管"绿盾"工程,大力推进智慧邮政建设,逐步实现邮件、快件寄递"动态可跟踪、隐患可发现、事件可预警、风险可管控、责任可追溯"。

下篇
交通运输安全生产发展展望

党的十九大明确提出建设交通强国的战略目标，开启了新时代建设交通强国的新征程。安全生产是一切工作必须坚守的底线。做好安全生产工作，满足人民群众安全便捷出行需求，不断增强人民群众获得感、幸福感、安全感，是建设交通强国的基本要求。

中共中央 国务院印发的《交通强国建设纲要》提出要构建安全、便捷、高效、绿色、经济的现代化综合交通体系，建成人民满意、保障有力、世界前列的交通强国，到 2035 年，人民满意度明显提高，平安交通发展水平明显提高，到 21 世纪中叶，交通安全水平达到国际先进水平，人民享有美好交通服务，为我国交通运输安全生产工作指明了发展方向。

第十一章　交通运输安全生产发展机遇与挑战

交通运输安全生产面临良好的发展机遇。党的十八大以来，党中央高度重视国家安全工作，提出总体国家安全观，明确国家安全战略方针和总体部署，推动国家安全工作取得显著成效，党对国家安全工作的绝对领导得到全面加强。中国特色社会主义进入新时代，我国社会主要矛盾已经转化为人民日益增长的美好生活需要和不平衡不充分的发展之间的矛盾。当前，人民对美好生活的向往更加强烈，对交通运输安全更加关注。党中央、国务院高度重视安全生产工作，党的十八大以来，我国交通运输安全生产法律法规和标准规范基本健全，责任更加明晰，监管能力明显提升，从业人员综合素质不断提高，保障水平显著提升。《交通强国建设纲要》提出要构建安全、便捷、高效、绿色、经济的现代化综合交通体系，党的十九届四中全会提出要推进国家治理体系和治理能力现代化。这些都为我国交通运输安全生产创造了良好的发展机遇。

交通运输安全生产面临新的挑战。我国交通运输安全生产目前仍然存在较多短板和重大风险隐患，事故总量仍处于高位，行业安全生产的治理能力和治理水平还不够高，交通运输体量大、风险高，安全生产工作任务依然繁重。此外，我国运输市场转型升级加快，新的业态和运输方式不断涌现，安全生产面临新的形势和挑战。

一　铁路领域

国家发展对铁路安全生产提出历史性要求。国家"一带一路"建设的实施与我国铁路领先发展的新阶段产生了历史性交会，我国铁路将进一步走向世界，高速铁路成为国家名片，铁路安全已上升到国家安全战略高度。同时，我国深入实施"四大板块"区域发展总体战略，继续推进京津冀协同发展、长江经济带发展、粤港澳大湾区发展、"一带一路"建设，推进新型城镇化和城乡一体化，为铁路发展提供了更加广阔的发展前景。要主动服务国家发展，在服务大局中体现作为，要求铁路领域牢固树立安全发展理念，维持安全生产稳定局面。

深化改革对铁路安全生产提出更高要求。"十三五"时期，我国将继续深化供给侧结构性改革和"放管服"等重点领域改革，通过深化改革、创新驱动、开放合作等方式，加大高速动车、城际列车、普速客车、市郊列车等旅客运输系列产品的开发力度，加快推进物流通道建设，满足人民群众和经济社会发展日渐增长的铁路运输需求，对监管部门强化事中事后监管、提高监管的精准性和有效性提出了新的要求，对企业落实主体责任、以安全促改革发展提出了更高的要求。

铁路快速发展对安全生产提出新挑战。根据铁路中长期发展规划，我国铁路将依然保持快速建设发展态势，铁路在综合交通体系中的骨干地位将更为凸显，持续快速扩大的路网规模是对铁路运营安全管理的巨大挑战。新建铁路面临复杂地理、气候条件等未知风险的考验，标准动车组等新技术、新装备还将大量投产运用，新的发展形势给铁路安全生产带来许多新变化，要求铁路进一步提高安全生产管理水平，切实强化安全保障能力。

二 公路水路领域

客运结构调整、企业效益下滑带来的挑战。随着经济社会发展，特别是综合运输体系日益健全和私家车保有量持续增长，人民群众的出行方式发生了深刻变化。近年来，道路客运量呈现下降趋势，2017年同比下降5.4%；2018年全国道路客运量为136.72亿人次，同比下降6.2%。水路客运量也有所下降，2018年全国水路客运量为2.80亿人次，同比下降1.1%。道路、水路客运企业效益下滑，将在一定程度上影响企业安全投入，给安全生产工作带来隐患，道路、水路客运重大安全风险防控和应急处置能力有待加强。

危险货物运输量快速增长、运输结构不优带来的挑战。随着经济社会发展，我国危险货物运输量快速增长，安全管理压力增大。铁路、道路、水路和民航各种运输方式间缺乏统筹，衔接不畅，未能形成高效的危险货物综合运输通道，使得危险货物运输结构不优，大量危险货物通过道路运输完成，特别是铁路、水路和民航系统先后出台禁运规定，而开放程度高、市场主体多小散的道路运输成为了危险货物运输的兜底方式，安全风险管控难度加大。

"放管服"和综合执法改革带来的挑战。交通运输部全面落实推进国务院全面推进"放管服"改革的有关决策部署，共取消下放行政审批事项36项，取消中介服务事项7项，减少职业资格事项14项，同时在行业积极推进交通运输执法体制改革，指导行业组建综合执法机构，从专项执法向综合执法迈进。行业"放管服"工作在取得很大成效的同时，也暴露出"放"积极、到位，"管"失职、失察，"服"缺失、缺位，简政放权一放了之、放而不管、放管脱节，以及未按照"先立后破"的原则推进执法改革等问题。这些问题在一部分地区和重点领域比较突出，交通运输安全生产事中事后监管面临诸多现实考验。我国公路水路基层执法单位存在专业执法素质不高、执法队伍大龄化、执法人员普遍待遇不高、执法模式有待升级、处罚执行困难多等突出问题，造成一些专业性较强领域的全套执法行为被割断，行业管理与安全生产行政执法不衔接，制约了综合执法队伍职责的有效履行，导致综合执法存在职能职责不明等矛盾和挑战。

新业态迅猛发展带来的挑战。随着移动通信和互联网技术加快普及和飞速发展，传统交通运输与互联网相结合的新业态迅速兴起，网络预约出租汽车、互联网租赁自行车等交通运输新业态模式蓬勃发展。在新业态发展的过程中，多方竞争，"烧钱大战"风起云涌，秩序失控，管理缺失，带来了很多安全生产隐患和漏洞。

三 民航领域

国家对航空安全提出更高要求。"十二五"期间，党中央、国务院把安全生产纳入"四个全面"总体战略布局。党的十八大以来，习近平总书记对安全作出一系列重要批示指示，对安全工作提出了新的更高的要求。习近平总书记强调，安全是民航业的生命线，任何时候任何环节都不能麻痹大意。民航主管部门和有关地方、企业要牢固树立以人民为中心的思想，正确处理安全与发展、安全与效益的关系，始终把安全作为头等大事来抓。要加大隐患排查和整治力度，完善风险防控体系，健全监管工作机制，加强队伍作风和能力建设，切实把安全责任落实到岗位、落实到人头，确保民航安全运行平稳可控。[1]

民航安全领域补短板、强弱项迫在眉睫。中国民航安全生产"十三五"规划在依法治理能力、安全保障能力、通航安全发展、安保体系建设、适航审定攻关、科技引领保障以及事故调查和应急能力建设等方面均确定了现阶段重点任务，对标现阶段战略目标，补短板、强弱项任务依然艰巨。通航发展的障碍仍须进一步破除，适航审定和国产民机试飞验证能力仍

---

[1] 引用自《人民日报海外版》（2018年10月1日第02版）。

须提高，保障安全发展的综合治理能力仍须提升，行政效率和安全监管能力也有待加强。同时，受国内外政治、经济环境，以及油价、汇率等诸多不确定因素的影响，民航业面临"过紧日子"的趋势越发明显，航空运输企业重组转型的预期在不断增强，组织机构变革风险和安全投入被压缩的风险加剧，把控安全和效益之间的平衡点难度加大，民航安全生产的宏观调控面临更大的压力和更严峻的考验。

民航安全发展的主要矛盾尚未得到根本缓解，夯实行业安全基础亟须改革创新。 人民群众对安全、便捷、高效出行的需求与安全保障能力的不平衡、不充分发展之间的矛盾，仍然是当前和未来一段时期民航安全发展的主要矛盾，"三个跟不上"的问题正在呈现新的表现形式。一是专业队伍建设跟不上发展速度的问题仍相对突出。飞行、机务、空管、运控、客舱、安保等关键岗位的新人占比持续提高，人员能力欠缺、培训不够引发的安全问题凸显。二是基础安全投入跟不上发展需求的问题仍比较严重。安全保障资源年均4%的增幅，难以有力支撑行业年均10%以上的发展速度。大型机场容量、时刻和空域资源普遍趋于饱和，不少中小机场也出现超容量运行的问题，基础设施不足、设备老化等问题正在积累，一定程度上制约着安全运行水平的进一步提升。三是管理创新跟不上发展节奏的问题进一步凸显。中国民航要实现由大到强的转变，迫切需要进行安全管理的改革和创新，必须不断总结经验，推动质量变革、效率变革、动力变革，逐步实现从引进吸收到自主创新，推动中国标准走向世界，推动"中国制造"向"中国创造"迈进。

四 邮政领域

国内外安全形势变化带来新的挑战。 当前，行业安全受国内外因素交织影响：从国际形势看，世界格局正处于大变革、大调整时期，不安全、不稳定因素潜滋暗长，给我国寄递渠道安全管控能力提出更高要求；从国内形势看，我国仍处于社会转型期，部分地区安全形势依然严峻，由于寄递渠道具有网点众多、服务便捷、资费低廉、人货分离等特点，极易被不法分子利用，用来从事反宣渗透、涉恐涉爆、涉枪涉毒、涉黄涉非、侵权假冒、跨境走私等违法犯罪活动。

企业安全生产主体责任有待强化。 部分企业安全基础还需加强，安全生产方面的投入机制须进一步完善。在安全生产保障条件、执行程序和过程控制上存在一些不足。部分企业存在"三项基本制度"落实不到位，收寄验视把关不严、实名收寄"实名不实"现象、过机安检流于形式等问题，违规收寄行为时有发生。在落实安全管理法规制度层面看，对从业人员安全教育培训还须加强。

行业不稳定风险因素增多。邮政业发展正处在由"做大"向"做强"转变的爬坡期，新、旧矛盾交织带来各种不稳定风险因素增多。行业市场主体发展不均衡，在发展质量、管理机制、基础能力等方面与国外先进水平存在较大差距，特别是加盟制企业总部对全网掌控能力较弱，"加而不盟、连而不锁"现象突出，末端基础须进一步夯实，人员队伍建设和防风险能力有待加强。行业信息安全防护的标准制度须进一步完善，在信息采集、使用、管理、存储等方面存在一定的隐患，行业信息数据安全防护能力有待加强。

第十二章　交通运输安全生产发展方向与目标

交通运输安全生产总体将按照交通强国建设的部署安排，遵循安全保障完善可靠、反应快速的发展方向，提升本质安全水平，完善交通安全生产体系，强化交通应急救援能力。

提升本质安全水平。完善交通基础设施安全技术标准规范，持续加大基础设施安全防护投入，提升关键基础设施安全防护能力。构建现代化工程建设质量管理体系，推进精品建造和精细管理。强化交通基础设施养护，加强基础设施运行监测检测，提高养护专业化、信息化水平，增强设施耐久性和可靠性。强化载运工具质量治理，保障运输装备安全。

完善交通安全生产体系。完善依法治理体系，健全交通安全生产法规制度和标准规范。完善安全责任体系，强化企业主体责任，明确部门监管责任。完善预防控制体系，有效防控系统性风险，建立交通装备、工程第三方认证制度，强化安全生产事故调查评估。完善网络安全保障体系，增强科技兴安能力，加强交通信息基础设施安全保护。完善支撑保障体系，加强安全设施建设。建立交通领域自然灾害防治体系，提高交通防灾抗灾能力。加强交通安全综合治理，切实提高交通安全水平。

强化交通应急救援能力。建立健全综合交通应急管理体制机制、法规制度和预案体系，推进交通行业应急救援能力建设，完善应急救援专业装备、设施，加强应急救援专业队伍建设，积极参与国际应急救援合作。加强分析研判，提升预测预警能力，加大专家和科研技术对应急管理的支撑，加强应急救援实训演练，提升从业人员应急能力，加大应急宣传，依法公开，促进社会广泛参与，强化应急救援社会协同能力，完善征用补偿机制。

一　铁路领域

到 2035 年，我国铁路路网规模将持续扩大，路网结构更趋完善。铁路科技创新和新技术应用取得巨大进步，铁路装备技术水平不断提高，新型铁路基础设备设施和运输车辆得到应用，运输方式不断创新，水铁联运、公铁联运更加融合。铁路将以更加安全、快捷、优质的服务更好地满足国民经济发展和人民群众出行需要。铁路领域安全生产水平明显提高，铁路安全监管体制机制和铁路安全生产综合保障体系进一步完善成熟，安全生产法律法规标准体系更加健全，高速铁路安全管理不断强化，铁路应急体系和能力建设更加完善，铁路沿线安全环境得到显著改善。基于北斗、5G、大数据等新技术的铁路安全检测监测技术广泛运用，铁路从业人员专业能力和综合素质明显提高，安全风险研判分析和预警能力大幅提升。杜绝重特大事故，铁路交通事故起数和死亡人数明显减少，铁路安全生产持续稳定可控。

二 公路水路领域

到 2035 年，公路水路领域安全生产水平明显提高，本质安全水平明显提升，"零死亡"交通安全愿景取得明显进展，安全生产主体责任得到更好的落实，依法治理能力、风险预防控制能力、科技兴安能力、创新发展能力、支撑保障能力和交通防灾救灾能力明显增强，从业人员安全素质、运输装备安全水平、基础设施安全性能明显提升，安全生产事故数量和造成的损失明显下降，杜绝重特大事故，有效保障经济社会发展和人民群众安全出行需求。

基本建成公路水路安全生产治理体系，基本实现安全生产治理能力现代化，全社会关注、支持、参与安全生产治理，安全生产法规制度和标准规范更加健全，安全责任网络更加严密，安全生产重大风险、系统风险和区域风险有效管控，科技对安全生产的促进作用显著提升，安全监管能力明显增强，在交通安全国际公约、规则、标准制定方面的话语权显著提升，与周边国家和地区安全应急协调联动机制更加完善，推进交通运输安全生产提档升级、高质量发展。

三 民航领域

到 2035 年，民航领域将建成多领域的民航强国，实现从单一的航空运输强国向多领域民航强国的跨越。我国民航综合实力大幅提升，航空安全管理水平世界领先，形成全球领先的航空公司、辐射力强的国际航空枢纽、一流的航空服务体系、发达的通用航空体系、现代化的空中交通管理体系、完备的安全保障体系和高效的民航治理体系，为基本实现社会主义现代化提供有力支撑。

国际化、大众化、多元化的航空服务体系更加完善，运行质量和效率进一步提升，保障能力更加充分。基础设施体系基本完善，运输机场达到450个，地面交通100公里范围内，覆盖所有县级行政单元。综合交通深度融合，形成一批以机场为核心的现代化综合交通枢纽。民航发展质量显著提升，安全、高效、智慧、协同的现代化空中交通体系基本建成。中国特色的民航安全管理体系和技术服务保障体系更加成熟，民航治理体系和治理能力更加完善。

四 邮政领域

到2035年，邮政领域基本建成现代化邮政快递服务体系，行业科技创新和应用能力达到世界领先水平，邮政和快递网络覆盖全国城乡，通达世界各国。基本实现省级和重点城市邮政业安全机构全覆盖，完成寄递渠道安全监管"绿盾"工程建设，实现邮件、快件寄递"动态可跟踪、隐患可发现、事件可预警、风险可管控、责任可追溯"。

保发展、保安全、保稳定，推动邮政业高质量发展，带动上下游产业协同发展，支撑国家经济社会发展。按照邮政强国战略总体要求，立足行业发展实际，坚持问题导向和目标导向，进一步深化安全发展体系建设，加快推进邮政行业安全生产领域改革发展，有效防范和坚决遏制重特大安全生产事故发生，推动安全生产水平实现质的飞跃，全力建设安全邮政，为建设邮政强国奠定坚实基础，为服务社会主义现代化建设提供可靠的寄递安全保障。

结 束 语

新中国成立以来,交通运输安全生产开展了大量的工作,取得了长足的进步。然而,综合我国交通运输安全生产面临的机遇与挑战,在未来一段时期,我国交通运输安全生产仍面临严峻的形势和较大的压力。

当前,党中央、国务院将安全生产工作提升到前所未有的高度,对交通行业的安全生产提出了更高要求,为深入贯彻落实党的十九大和十九届一中、二中、三中、四中全会精神,全面落实党中央国务院决策部署与"交通强国"战略,推动交通运输高质量发展,建设人民满意的交通运输系统,以习近平新时代中国特色社会主义思想为指导,坚持以人民为中心,牢固树立安全发展理念,弘扬"生命至上、安全第一",深化平安交通建设,推动改革创新,构建系统完备、科学规范、运行有效的安全体系,坚决遏制重特大安全生产事故的发生,为到 2035 年基本建成交通强国,进入世界交通强国行列提供全面可靠的安全保障。

未来,我国交通运输安全生产工作将在新的机遇与挑战中不断推进。安全工作永远在路上,只有起点、没有终点,我们要时刻警醒、如履薄冰、如临深渊、警钟长鸣,凝心聚力、开拓创新、勇于进取、奋发有为,大力推进交通运输行业安全生产工作,全力支撑"交通强国"战略,筑牢全面建成小康社会、中国特色社会主义现代化建设的坚实基础。

参考文献

［1］《交通部行政史》编委会. 交通部行政史［M］. 北京：人民交通出版社，2008.

［2］交通运输部海事局. 中国海事史（现代部分）［M］. 北京：人民交通出版社股份有限公司，2018.

［3］中华人民共和国交通运输部，《中国交通运输改革开放40年》丛书编委会. 中国交通运输改革开放40年（综合卷）［M］. 北京：人民交通出版社股份有限公司，2018.

［4］交通强国建设纲要［M］. 北京：人民出版社，2019.

［5］中华人民共和国交通运输部，《中国交通运输60年》编委会. 中国交通运输60年［M］. 北京：人民交通出版社, 2009.

［6］国务院. "十三五"现代综合交通运输体系发展规划.

［EB/OL］.(2017-02-28).http://www.gov.cn/zhengce/content/2017-02/28/content_5171345.html.

［7］国家铁路局. 铁路安全生产"十三五"规划［R］,2017.

［8］国家铁路局. 铁路安全情况公告［R］,2014.

［9］国家铁路局. 铁路安全情况公告［R］,2015.

［10］国家铁路局. 铁路安全情况公告［R］,2016.

［11］国家铁路局. 铁路安全情况公告［R］,2017.

［12］国家铁路局. 铁路安全情况公告［R］,2018.

［13］国家铁路局. 铁道统计公告［R］,2018.

［14］铁道安全2019年第1期.2019年中国铁路总公司工作会议上的报告.

［15］铁道安全2019年第1期.2019年中国铁路总公司运输安全工作会议上的报告.

［16］王成林编著. 铁路文化力量——中国铁路安全制度文化选择与建设介评[M]. 北京：新华出版社，2010.

［17］陆东福. 铁路"十二五"发展规划研究［M］. 北京：中国铁道出版社，2013.

［18］交通运输部.2018年交通运输行业发展统计公报.

［EB/OL］.(2019-04-12).http://xxgk.mot.gov.cn/jigou/zhghs/201904/t20190412_3186720.html.

［19］交通运输部.2012年公路水路交通运输行业发展统计公报.［EB/OL］.(2013-04-25).http://xxgk.mot.gov.cn/jigou/zhghs/201811/t20181120_3130135.html.

［20］中国民用航空局.新时代民航强国建设行动纲要［R］.2018.

［21］中国民用航空局.中国民航航空安全方案［R］.2015.

［22］中国民用航空局.中国民航安全生产"十三五"规划［R］.2016.

［23］中国民用航空局.关于深入贯彻落实习近平总书记重要批示精神确保民航安全运行平稳可控的措施［R］.2018.

［24］中国民用航空局.关于全面深化运输航空公司飞行训练改革的指导意见［R］.2019.

［25］中国民用航空局.民航科技发展"十三五"规划［R］.2016.

［26］中国民用航空局.通用航空发展"十三五"规划［R］.2016.

［27］中国民用航空局.中国民用航空发展第十三个五年规划［R］.2016.

［28］中国民用航空局.全国民航航空安全工作报告［R］.2016.

［29］中国民用航空局.全国民航航空安全工作报告［R］.2017.

［30］中国民用航空局.全国民航航空安全工作报告［R］.2018.

［31］中国民用航空局.全国民航航空安全工作报告［R］.2019.

［32］中国民用航空局发展计划司.从统计看民航2018［M］.北京：中国民航出版社，2018.

［33］中国民用航空局发展计划司.从统计看民航2017［M］.北京：中国民航出版社，2017.

［34］中国民用航空局发展计划司.从统计看民航2016［M］.北京：中国民航出版社，2016.

［35］中国民用航空局发展计划司.从统计看民航2015［M］.北京：中国民航出版社，2015.

［36］中国民用航空局发展计划司.从统计看民航2014［M］.北京：中国民航出版社，2014.

［37］中国民用航空局发展计划司.从统计看民航2013［M］.北京：中国民航出版社，2013.

［38］中国民用航空局发展计划司.从统计看民航2012［M］.北京：中国民航出版社，2012.

［39］李军，林明华.中国民用航空史［M］.北京：中国民航出版社，2019.

［40］中国航空运输协会.中国航空运输发展2018［M］.北京：中国民航出版社，2018.

［41］中国民用航空局综合司.典藏民航70年［M］.北京：中国民航出版社，2019.

［42］李军.中国民航年谱［M］.北京：中国民航出版社，2012.

［43］中国民航科学技术研究院.中国民航统计资料汇编(1949—2011)［M］.北京：中国民航出版社，2014.

［44］中国民用航空局政工办、综合司，中国民航宣教中心.学习习近平总书记会见中国航英雄机组重要指示精神读本［M］.北京：中国民航出版社，2018.

［45］中国民用航空局航空安全办公室，中国航空运输协会.作风建设永远在路上：民航安全从业人员工作作风建设征文选编［M］.北京：中国民航出版社，2018

［46］国家邮政局.2015年度快递市场监管报告［R］.2015.

［47］国家邮政局.2016年度快递市场监管报告［R］.2016.

［48］国家邮政局.2017年度快递市场监管报告［R］.2017.

［49］国家邮政局.2018年度快递市场监管报告［R］.2018.

［50］《当代中国》丛书编辑部.当代中国的邮电事业［M］.北京：当代中国出版社，1993.